法理演变、族群迁徙与建筑习俗流转

传播行为分析的个案和观点

冯林 著

WUHAN UNIVERSITY PRESS

武汉大学出版社

图书在版编目(CIP)数据

法理演变、族群迁徙与建筑习俗流转:传播行为分析的个案和观点/
冯林著. —武汉:武汉大学出版社,2015.9
 ISBN 978-7-307-16909-8

 Ⅰ.法… Ⅱ.冯… Ⅲ.建筑学—研究 Ⅳ.TU-0

中国版本图书馆 CIP 数据核字(2015)第 227531 号

责任编辑:陈 翮 责任校对:李孟潇 版式设计:马 佳

出版发行:**武汉大学出版社** (430072 武昌 珞珈山)
   (电子邮件:cbs22@whu.edu.cn 网址:www.wdp.whu.edu.cn)
印刷:武汉中科兴业印务有限公司
开本:720×1000 1/16 印张:11.25 字数:161 千字 插页:1
版次:2015 年 9 月第 1 版 2015 年 9 月第 1 次印刷
ISBN 978-7-307-16909-8 定价:38.00 元

前　　言

　　此书是以实证方法研究法理学、传播学和建筑文化的一次尝试。

　　博士阶段，我的研究方向是社会学之中的民俗学。我的导师桂胜教授对道教有很深的研究，我本人则对建筑文化有浓厚兴趣，于是以道教建筑习俗作为博士论文研究范围。博士后阶段，我师从著名法学家、武汉大学资深教授李龙先生，他在法理学方面的造诣令人高山仰止。因此我开始从法理学的视角对博士论文重新进行了审视，并惊讶于自己往昔的局限性。这本书是师者的生命形式（人的经验的、情感的、内心活动的动态过程）与从师者的生命形式相互观照的结果。

　　随着对法学了解的深入，我逐步明了法理学对法律的重要影响，以及法律对特定国家前途命运、特定社会物质形态的重要关切，比如与建筑形态的关联，而且我对"土生土长"的道教定论不敢苟同。本书指涉的道教包含了它的物质文本和非物质文本两个层序。基于论题所限，本书只探讨其物质文本——道观的习俗。

　　道观样态千年来的相对静止，是中国建筑习俗的集中投射，显露出农业时代汉人思维方式和技术理性中大陆主流文化的最根本特质。但中国建筑在其形成之初绝不是孤立的，而是毫不例外地受到世界范围内先在建筑文化的影响，尤其受到强势的迁徙族群及其文化和历史记忆在地化的影响，以及不同时代法理学演进的强制。我强调族群迁徙及其在地化文化建构对本地建筑习俗的影响，是因为物种的早期体验对其一生中的偏爱都起到潜移默化的作用，而文本生成基于个人偏好，并观照共同体的秩序，尤其是这些文本必须与人们希望达到或社会安排中规定的一些价值或者利益（例如自由、平等或尊严）相符，即是善的。

由于个人的心理气质，我早年就具有对古代族群迁徙的浓厚兴趣。我接触民俗学的时日相当有限，对传统民俗学的研究领域及其方法的局限性感到遗憾。

随后是文本—传播理论的提出。该逻辑模式是由我第一次提出的，它是关于文本生成、传播的理论。用该理论解读人类的创造活动、创造物和传播行为，会洞见法理学、迁徙族群对人类创造活动的影响。文本—传播范式认为，在法理与文本生成、传播的关系中，法律是第一性的，是文本存在、生成、传播的依据和前提。

尤其是，本书对建筑习俗的人类共性而不是差异更感兴趣。

我在此书指涉的范围内将道教建筑作为一种重要的建筑文化遗产和民俗载体，借此探讨法理演变、迁徙族群对原住民建筑习俗的影响，这种影响可能是正的，也可能是负的；有时是强烈的，有时是微弱的。

我试图在文本—传播理论视角下宏观地勾勒人类建筑习俗的流转轨迹，也即文化/艺术传播的本质，并探讨"在法律领域中，个人与社会、事实与价值、事实与规范之间的对立通过何种方法来消除其内在紧张"①，并力图观照民俗学研究的新疆域：民俗学的视域应指涉所有习俗、习俗创造者、传播者和信道。通过文本—传播逻辑模式，本书特别揭示了传统与现代、习俗与创造、稳定与创新、现在和未来的关系，以及法律与正义、秩序，法律与权力、行政、道德、习惯的关系，强调了对地方习俗、传统文化的法律性保护与对世界范围的人类最先进文化吸收之间的依存关系。

在生活世界中，大多数人必定遵从习俗和法律，即社会的价值目标，不同的域文化有不同的法理与习俗。我们的责任在于明智地援引最适合于我们实践的理论，或者创造一种新理论，将原来的理论探索向前推进。

从我国传播学、民俗学兴起至今，一直存在地方认同的问题，

---

① 李龙等：《以人为本与法理学的创新》，中国社会科学出版社 2010 年版，第 100 页。

生活世界的新特质迫使我们回答：法理学、习俗的地方认同、特点如何描述？如何面对？目前我国涉及建筑民俗学的论述相当有限，且已有的论述主要观照异质性的建筑民俗，特别是那些亚文化的建筑民俗，而以实证方法论及法理与习俗的文本就更加少见。本书只是一个初步尝试。

　　体现人类共在的符号和法理，表现在包括道观在内的所有建筑类型之中。

冯　林

2015 年 6 月

目　　录

引　言

　　本书的目的在于考察建筑文化的生成、传播与迁徙族群、法理演变之间的关系。道教建筑的特质从何而来？向何而去？它们和东方的、人类的建筑习俗有何关联？受制于什么样的法理？对于这些实在本来面目的揭示，是本书要探索的目标之一。迁徙族群（武力与非武力、异质与同质）在携带与传播特定习俗、制作特定文本方面作用巨大，族群迁徙的频度和向度是决定习俗变更、文化创新的变量，又是受制于特定时空占主导地位的法理。方国时期是强势族群迁徙频繁、维生手段和人权状况发生巨大变更的时期，也是中国建筑形成与定型的时期，探究它们之间的关联，是本书要达到的目标之二。中国的王国时期和帝国时期，族群迁徙主要表现为境内迁徙，并穿插着武力国际迁徙（比如元代非汉人族群的大举迁入），他们的建筑习俗与法理对原住民建筑的影响如何？这是本书要达到的目标之三。

　　本书涉及的主要概念

　　族群：是在物理学总水平上与同类相关联。

　　在地化：迁徙族群再现其历史记忆和文化时表现出的对新的物理环境与新的人文环境尤其是原住民文化的观照。

　　文本：是在文化学总水平上与社会的关联，尤其指人类的创造物（物质的、非物质的）。（以上三个概念由笔者界定。）

　　样态：是用来确认各种各样状态之间差异的概念，另一个意义是，在逻辑学上描述对象的存在方式的概念。后者比较通用，是一个总体上表示事物存在方式的概念。这样，关于像建筑和聚落这样实际存在的事物，只要它们随着时间而显现出不断变化，那么描述事物状态时，就不得不涉及以后或者遥远将来的可能状态。这种从时间上的现实性和可能性的重叠角度出发，关于事物状态的解释方法就是"样态"。（此概念来自日本建筑学家原广司，是总结古希腊以来众多哲学流派相关概念而来的。）

环境-情境-意境：环境是强调物理关系的概念，它包括定向的环境模式和认同的环境特质；情境是强调使用关系的概念，它包括定向的情境结构和认同的情境关联；意境是强调景象关系的概念，它又包括定向的境界和认同的境象。（此概念来自著名建筑师和建筑学教授赵冰，他是参阅舒尔茨的相关公设而来。）

定向-认同：定向是在世上占有位置的外在，认同则是在世上寻求同一的外在。（此概念来自赵冰。）

自然主义之法、实证主义之法、历史主义之法、功利主义的法学、法律社会学：法学理论的几种派别。

本书的研究思路

首先，本书将建筑文本作为民俗的重要载体和传播个案，探讨它的民俗样态与法理演变、族群迁徙的关系。民俗一旦形成就难以改变，新习俗生成指涉人类对自身、对自然潜能的新开发和法理思想的转变。迁徙族群、法理样态是导致新习俗形成的重要参数。其次，本书以文本—传播理论为视角，宏观表述建筑民俗发展轨迹、影响建筑民俗样态的异文化因素，修正长期以来关于道教及其建筑"土生土长"的结论。再次，本书力图拓展文化/艺术与传播学和法理学研究的新疆域和新手法。这种努力指向法学与价值、文化/艺术与创造、民俗与传播的关系，指向人类创造力和国际竞争力与其法律制度的关系。最后，本书只对道观民俗源流、文化/艺术传播与族群迁徙、法理之间的关联作纲领性的概括以及一些大胆推测。族群迁徙及其文化的在地化构建对原住民文化影响的例子俯拾即是，然而在中国，除了民俗学教科书中对建筑民俗阐述的技术性欠缺、建筑民俗论著研究的表面化、历史与文化学界基于当下政治与民族意识的价值取向而援引理性对感性的观照，这种经验性实事长期以来被人有意遮蔽，并为先验性想象所替代。我们有义务厘清这些经验的本质及其真实样态，但限于篇幅，表述只能是纲领性的。

本书涉及的理论和方法

主要有文本—传播理论、自然主义法学、实证主义法学、历史主义法学、法律社会学、本来主义（essentialism）、建构主义（constructionism or constructivism）、自然主义、实证主义、历史主义；阐释法、文献研究法、现场观察法、访谈法、实地采集法、历史地理法、文化人类学法、分项研究法、对比研究法、结构分析法、纵横研究法等。

在书中，我提出了文本—传播理论，它是关于文化生成与传播的理论。我以该理论和道教建筑习俗为视角，在族群迁徙、法理演变及建筑习俗变迁背景下对道教建筑的习俗样态加以结构性解读，探讨习俗形成与个体、社会、规范、价值的关系。习俗流行于大众却往往发源于心智优越的智者，并受法律的制约、引导。天才创造经典，经典成为流俗的文本原型。

建筑是人对环境的回应，是人行使生存权和发展权的结果，也是物理世界中加工过的自然，会对未加工过的自然产生影响以至于使二者的边界变得模糊。加工过的自然和未加工过的自然随时空移转而变更的样态总体构成自然，存在于内在和外在。

道教建筑史是中国建筑史的缩影，也是人类建筑文化共同构建的历史和各种异质建筑民俗博弈的结果。族群迁徙、空间文本的传播、文化交流以及法理学演变等，都是影响道教习俗变更的重要参数。武当道教建筑表达了中国建筑创造者和接受者对美学判断、美学愉悦、雕像以及想象力的关注方式，也包含了中国法律的强制和道德作用。

我从两个方面着手文本—传播逻辑模式的构建：一是文本生成角度，二是文本接受角度。文本的生成表现为原型文本（A）、选择文本（B）、创造文本（C）、移转文本（D）四个文化层序（见图0-1）。

原型文本（A）表现出了最低的文化创新和最高的传统继承，强调了由先至后的一维性（W）总体复制，即→。它关涉实在，这也是本来主义、自然主义的视角；选择文本（B）层次较原型文本（A）的新经验含量有所扩大，体现了较多的主体性，通过在总量中

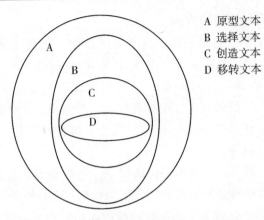

A 原型文本
B 选择文本
C 创造文本
D 移转文本

图 0-1　文本生成的四种原型及其关系示意图

选择其部分而在较高的层次强调了原型文本（A），并重新构建原型文本的传统或习俗等"真正"（authentic）的"本质"（essence），为新的习俗提供了场所，对传统继承较少，强调了先后即→（选择）、左右即←→（对比）的二维性（X）；创造文本（C）层次又重新强调了选择文本所援引的习俗，并给出了选择文本所未具备的新创造，对传统的继承更少，强调了先后即→、左右即←→、上下即↑↓（高低）的三维性（Y）；移转文本（D）层次所承接的传统最少、创造的成分最大，它包容了原型、选择、创造文本的所有实在性，并对立足于文本传播基础上的可能性作出了解释，强调了先后、左右、上下和主客（传播者、接受者）的四维性（Z）。C、D 态的创造更多关涉社会的、政治的、经济的现在与定在，这也是建构主义的视角。而在解释关涉心理的习俗时关系到本能的和环境的力量，这种力量能够禁止、强化或者限制甚至最重要的精神内容。

　　根据对习俗的援引以及创新力度的不同强调，文本生成表现出的序列 ABCD 由低级到高级，文化创造力度依次增加、理论层次逐渐提高，稳定性递减，创新性递增。在这个序列中，ABCD 是文本生成的历史关系，DCBA 是文本生成的逻辑关系。环境与心理的样态共同造就了各种新生文本的基本实在。

　　就 A、B、C、D 的时间关系和空间关系而言，它们构成人类创造力开发的四个层次，揭示了特定文本是如何在某个具体的历史情境下，怎样经由特定创造者的本能或才能，根据其自身的外倾与内倾特质创造出来的。创造者以及与之相关联的意识与本能、感觉与思维、生理与心理、社会与自然，在这种创造过程中彼此渗透，相互融合和转换。

　　与文本生成的四种层序对应，文本接受也呈现由低到高四个层次：原型接受（E）、选择接受（F）、创造接受（G）和移转接受（H）（见图0-2）。EFGH 层序观照体验层体（无意识的体验、尝试的体验、建筑的体验、美学的体验、联系思想的体验①）以及法理层次（自然法、实证法、历史法、功利主义法等）。

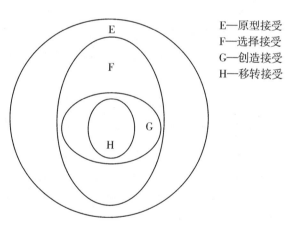

　　　　　　　　　　　　　　　　　　　E—原型接受
　　　　　　　　　　　　　　　　　　　F—选择接受
　　　　　　　　　　　　　　　　　　　G—创造接受
　　　　　　　　　　　　　　　　　　　H—移转接受

图 0-2　文本接受的四种原型及其关系示意图

　　文本的不同生成类型和不同接受类型之间的不同关联推动了文化及其传播史的演进并不断刷新文化的边界，比如 ED 表示接受者以原型接受（E）最高形式的移转文本（D）（见图0-3、图0-4、图0-5、图0-6）。不同的关联观照不同的愉悦（美学的愉悦、智力

────────────

　　① ［英］罗杰·斯克鲁顿：《建筑美学》，刘先觉译，中国建筑工业出版社 2003 年版，第 272 页。

的愉悦、美感的愉悦、性感的愉悦①)。以文本—传播理论探讨建
筑习俗，将涉及法理学、人类学、族群迁徙、场景理论等理论或视
角。在决定文本—传播的诸要素中，显性的或隐性的族群迁徙及其
在地化文化的构建是创新因素。

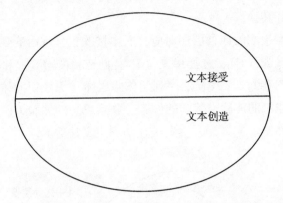

图 0-3　文本逻辑示意图——文本接受与文本创造关系示意图（1）

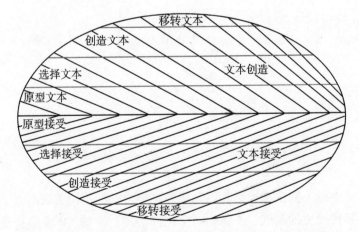

图 0-4　文本逻辑示意图——文本接受与文本创造关系示意图（2）

---

①　[英] 罗杰·斯克鲁顿：《建筑美学》，刘先觉译，中国建筑工业出
版社 2003 年版，第 272 页。

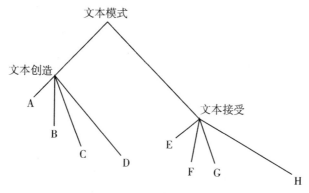

图 0-5　文本逻辑模式结构

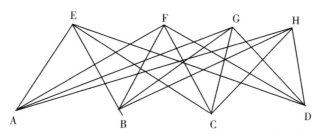

图 0-6　文本创造与文本接受关系示意图

　　文本生成四个层序和文本接受四个层序的概念结构，以及族群迁徙与其文化和历史记忆的在地化构建、法理变迁，为我们研究文本的生成、演变、传播、意义和价值（恶习为负价值）提供了依据。首先，作为武当道教建筑原型（to see）的先在建筑文本可分为聚落、联合居住、公共居住、私密居住四种原型；其次，作为武当道教建筑选择文本（to look）的先在的宗教建筑包括基督教、伊斯兰教和非中国佛教建筑；再次，作为武当道教建筑创造文本的道教建筑（除武当山道教建筑之外的）和中国大乘佛教建筑；最后，是作为移转文本的武当道教建筑。这四种居住原型、三大宗教建筑、两类道教空间和一个宫观组群的四大层序，分别观照了各个建筑文本所在区域的原住民建筑文化与法理、迁徙族群的在地化建

7

文化共在的情景图式。纯粹的事实性描述的方法论和纯粹的价值性陈述的方法论是将人与法律的关系作为外在关系来刻画，现今关于人与法律之间的关系则转化为一种关于法律内在构成要素之间的刻画，其突出的表现为关于对规范与价值、规范与事实的理解。① 由此，我们有了建筑习俗变更与建筑文本创新、异质建筑文化博弈、法律的强制、规则、道德对建筑文化生成和传播影响的基本框架。该框架指向人类建筑实在、现在（与意义有关的、与客观性有关的、与理智有关的以及与表现有关的）以及定在。

对于特定文本生成、文本接受与习俗的承接关系而言，原型包括存在的（见之于 to see）、内在选择存在的（见之于 to look）、存在见之于内在（intivation）和内在见之于存四个层序；就道教建筑空间文本而言，在其形成的每一个原型层序上又可划分为产生的经济、政治、历史背景，业主、设计师、工匠的文化心理，建筑技术水准，居住者的心理等不同层面；根据层序的结构关系，诸层序的文化群体所具备的民俗心理与创造能力、技术水平在整个体系中的空间位置不同，拥有不同的价值观和能量，因此在道教建筑空间文本的生成与接受中发挥着不同作用。

本书并不全面展开建筑民俗史和法理学史的论述，而只就其中与道教空间文本生成与接受相关的部分加以纲领性分析，包括各层序建筑类型的断代。这种断代是从人类建筑总水平着眼，并对应中国具体朝代，以便进行文化人类学、历史地理、法理、迁徙族群和原住民等之间的比较。

道教建筑习俗和其他建筑习俗一起构成了强调主文化与亚文化、同质文化与异质文化的建筑文化的区域性特征。道教建筑习俗强调其创造者与接受者对建筑秩序的内在理解和外在选择以及对政治秩序的回应，而书中涉及的其他建筑习俗领域则旨在强调各自构

---

① 转引自李龙等：《以人为本与法理学创新》，中国社会科学出版社2010年版，第100页。

建的习俗以及对道教建筑的外在影响①。

习俗是生活世界最广泛存在的文化脉络之一，它基于主体的内在而强调特定共同体的共在和秩序。基于 WXYZ 的四维接受、EFGH 和 ABCD 的各态创造的武当山道观的习俗是复合的。其创造力也表现为多层次的复合，不同的文本分属文本生成中的不同层序；尤其是，成熟的物质实在层、形式符号层、意象世界层、意境超验层是中国传统建筑的直觉表达，并需要直觉接受。这种传播观照法理的强度以及传播者的美学气质（美学态度、美学教育、美学判断、美感因素、美学性质）。

"外在是生活世界逻辑的最高概念，它处在第一层次，用以指在世上。较外在低一层次的是定向和认同；定向是在世上占有位置的外在，认同则是在世上寻求同一的外在。"②

"环境是强调物理关系的概念，它又包括定向的环境模式和认同的环境特质；情境是强调使用关系的概念，它又包括定向的情境结构和认同的情境关联；意境是强调景象关系的概念，它又包括定向的境界和认同的境象。"③

道教建筑空间文本的生成与传播，观照了农耕时代汉人生活中最关切的人人、天人、地人、神人的共在样态。道教建筑各种具象符号及其隐喻是各种不同关切重心的叠合，这种不同关切重心来源于两种不同的生活态度：寻求与天地诸神合和的方法是必须经常中庸，这造就了他们的思考方式，对事物抱持怀疑态度及理性；来自农业的稳定生资所带来的生存保障不仅向他们暗示了农业之神的稳定和神秘，也让他们心怀感激并顺从天命，鼓励他们重视感官和

---

① 一个阶段，民俗学研究致力于历史地理解民俗具有的地方性与人类共性，以及这些个性与共性的形成过程。芬兰学派、历史地理学派等部分地解决了这个问题，强调了人群与人群之间观念上的关联。

② 赵冰：《4! ——生活世界史论》，湖南教育出版社 1989 年版，第 9 页。

③ 赵冰：《4! ——生活世界史论》，湖南教育出版社 1989 年版，第 9 页。

感情。①

　　建筑习俗的演变尤其关涉族群迁徙及其文化和历史记忆的在地化构建的影响。这种迁徙在时空上包括小范围的境内迁徙，以及大范围的异文化国际迁徙；在强度上包括武力入侵与和平移民。文本—传播理论的各个层体及其各自的三段式（环境、情境、意境②）发展的划分试图揭示在地化文化与原住民文化从 A 到 D 的创造以及从 E 到 H 接受的过程中的彼此关联。

　　道教建筑型制是其创造者、接受者最隐秘生活的一种未经掩饰的流露，也是法律强制性、法律道德性、法律规则性作用的结果。建筑师和建筑接受者往往跨越自己的领域，因自身的天赋或多或少地借助于自然科学（环境）和社会科学（情境、意境）还有哲学的意愿，在确定的物质空间中负载众多不确定性的意向和隐喻。建筑作品是内在的集中体现。作品以内在为起点和终点。创作者让内在呈现于外在，并通过作品再返回欣赏者的内在。③

　　文本—传播理论揭示了文本接受者与文本创造者在传播过程中的相似地位，甚至兼具接受者与创造者、传播者三重人格。因此文本—传播理论使法理学、传播学具有了更多的批评和行动的可能性。

　　建筑本身是对其生成者和接受者而言的一种可取的生活方式的阐释，并显示显性知识（规范）与隐性知识（价值）对人类创造

---

　　①　［英］克里斯多福·泰德格：《古代埃及·西亚·爱琴海》，刘复苓译，中国建筑工业出版社 2004 年版，第 78 页。

　　②　赵冰：《4! ——生活世界史论》，湖南教育出版社 1989 年版，第 9 页。他还提出了关于人类居住的四种原型说：私密居住是强调私密关系的概念，它包括私密的环境、私密的情境和私密的意境；公共居住是强调一致性关系的概念，它包括公共的环境、公共的情境和公共的意境；联合居住强调多种选择性关系的概念，它包括联合的环境、联合的情境和联合的意境；自然居住是强调给定的自然关系的概念，它包括自然的环境、自然的情境和自然的意境。

　　③　赵冰：《作品与场所》，载《新美术》1988 年第 2 期。

物的关涉程度（见图 0-7）。

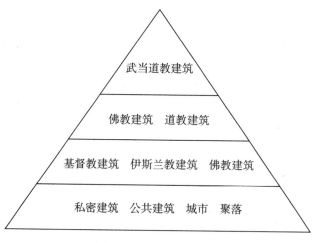

图 0-7　本书的主体结构

　　由于族群迁徙、法理演变对文本生成时创造力的影响举足轻重，它是文本—传播理论所力图关切的重心，本书所涉及的每一个建筑层体都与此关联，这些关联的证据指向：先进的在地化文化如何增强原住民文化的创造力，以及缺乏在地化文化影响下的原住民文化如何相对静止；不同的法律如何导致不同的文本生成及传播。

第一章　自然主义法学与探索正义：
一维创造、原型文本
——四大居住类型

　　人类建筑有聚落、城市空间、公共设施和住宅四种原型，在自然法的研究范式上，我们试图把这四种原型解释为一种现象，其基于并应当接近于一些包含在某种正义原则中的更高的法律①。四种原型共同构成武当道教建筑生成的基础和视野，即文本原型（A）。作为 A，无论其自身包含的创造力如何，相对于武当道观生成而言都是一维的——强调 W 尺度上的先在与后在关系。

　　在 A 的加工形态中，保持自然状态的惰性形态（本来主义）、创造新状态的可能形态（构建主义）的多寡取决于人的构思能力、经济能力、视野和法律约束力。

　　原型文本（A）借由原型复制而成，"使每个人获得其应得的东西的永恒不变的意志"② 可以经由该手段得以实现。A 是人类文化史上文本生成最一般的形式，它倾向于再现传统，从文化传承秩序稳定方面考量，其价值最高；从文化创新方面考量，其价值最低。A 在建筑史、法律史的演进上表现为建筑文本与法律文本建构时是复制旧制，但是并不是所有的原型复制都是 A 态创造。

　　原型文本（A）的生成过程和标准与自然主义法律吻合。持自

---

①　《法理学》（英），张万洪、郭澍译，武汉大学出版社 2003 年版，第 37 页。

②　查士丁尼《民法大全》中提出的，并被认为是古罗马法学家乌尔庇安首创的一个著名的正义定义。[美] E. 博登海默：《法理学—法哲学及其方法》，邓正来、姬敬武译，华夏出版社 1986 年版，第 253 页。

然法者认为，法律是内在于人性的理性法，法的本质不在于它的政治维度，而在于它的道德维度；而且政治权威制定的规则如果违反了基本的正义原则，就不是"法"。① 原型文本的生成方式与先在的标准吻合，如建筑师的个人习惯或社会习俗（比如道观习俗），所以是自然法律要求的建筑道德的产生、持有和表达。

包括古代埃及、两河流域和波斯、爱琴海、古代希腊罗马、古代美洲在内的聚落、城市空间、设施和住宅文化，决定性地影响了生活世界的居住样态。本书涉及的文本原型的时间范围始自公元前6000 年，终至公元 1440 年。

国家的出现、秩序的需要、正义的探索进一步强调了四大建筑文本原型，通过国家、共同体、个人及其目的理性，四大建筑原型完善了物质实在层和形式符号层，实现了居住功能，配合了人权②的实现，并成为秩序的体现。这些原型以各自原住民建筑秩序和迁徙族群的建筑习俗为意象，并借由空间文本把关人③的在我化④而或显在或隐在地构成了后在各类宗教建筑文本生成的参照系。它们以经济参数或时间参数相互关联，通过或具体清晰或泛化朦胧的在地化文化构建，进一步强调了文化的交流、自然主义之法与实证主义之法的砥砺，为生活世界的进步提供可能。在这种文化/艺术的传播中，新的充满了人类优秀创造文本的实在世界得以延伸。建筑不仅是重要的物质产品，也是重要的文本形式和物化秩序，它们的早期生成首先受制于自然法的强制引导和神的启示。所以对建筑的

---

① ［美］哈洛尔·伯尔曼：《世界法：一种普世性的圣灵法学》，见赵明主编：《法意》（第一辑），商务印书馆 2008 年版，第 192 页。

② 人权即人之为人应该享有的权利，任何国家机关和个人都不得非法侵犯和剥夺。见李龙：《李龙文集》（第二卷），武汉大学出版社 2011 年版，第 533 页。

③ 决定一个空间文本最终型制的不一定总是设计师，同样起重要决定作用的还有业主等人，我称他们为空间文本把关人。

④ 这是任何文本创造的关键之所在。任何同质或异质的蓝本在新文本构建时的权重都仰赖文本把关人的个体或群体特定生命形式。这种内在与外在的博弈就是在我化。

探索是对正义探索的组分——满足个人的合理需要与要求，同时正如博登海默所言，也促进生产进步和社会的内聚性程度。

以文本—传播理论来审视，人们在各种时空通过创造四大原型建筑而创造了具体的物质世界和精神世界。这些外在的、观照特殊空间（景域、场所、建筑自身）的建筑展现了创造者个体或群体对存在（内在与外在）的理解。聚落居住形态表现了不同域文化、不同物理环境的人居思想，城市居住形态表现了人们对共在的理解；公共设施表现了同在的思想，居所表现了个体自在的思想。它们先在于武当道观，并通过直接的族群迁徙和间接的文化/艺术传播影响了武当道观的创设。

第一节 正义与理性：聚落原型

聚落是特定共同体与确定自然环境的固着，以其具有规模的居所强调特定共同体的共在与同质。住宅的集合和它们的排列规则、地理学条件、人的需求等模数构成聚落的几何学模式，这些模式都属于理性结论，因为都历史地表达了必然性，如西塞罗所说，表达了"使每个人获得其应得的东西的人类精神意向"，也即正义。聚落样态表现物理场景与人文心理的多样性，包含了建筑习俗与秩序的一切原型，是表达人类与天地共在的各种符号的集合与排列。

聚落在各自建构自然力、历史力等力学元素的场所定向，人与神在其中定居，共同幻想不断随人类文明的积累以及域文化的变更而演进，它在各种自然力的博弈中不断被设计出来，累加叠印成为系统，变成古老习俗、种种传说、社会规则、行为规范，并以建筑具象精确化和表征化。不同时空的聚落及其同质或异质的习俗、秩序构成民俗学地理历史方法和自然主义之法的重心。

聚落的意象指向人类目的理性与具体自然的妥协：（1）详尽地考虑所有同解决特定规范性问题比如居住和维生手段有关的事实；（2）根据习俗、心理和实在法去保护规范解决方法中所固有的价值判断。迁徙族群的聚落往往在 W 尺度上进行 A 态生成并构成原住民建筑的显性参照物。对于创造者与接受者，A 态创造蕴含种种美感因素。

聚落在人类族群的不断迁徙中形成、发展与变更、定型。

聚落的发生

聚落的发生阶段相当于中国旧石器时代末期至黄河流域仰韶文化时期。从文化发生学角度而言，这种萌芽状态的聚落属于环境层次，强调物质实在层的确立。

人类开始聚居至迟始于公元前 200 万年始。聚落是聚居生活产生的结果。由于这种聚居经常移动，这时的聚落也是具有流动性的。大约公元前 50 万年以前，史前人类开始了较为大量的文本制造。在旧石器时代末期，人类所使用的器具有一部分是用石头和兽骨做成的。当时人类大多居住在气候相对温暖、食物相对充足的地区，以采集和渔猎为生，为寻找食物而四处迁徙。迁徙带给他们广阔的视野、新的生存经验以及与异质族群的交流机会。中石器时代，人类开始饲养动物，并发明了许多工具和武器（针、鱼钩、碗、箭）。从公元前 8000 年起，人类进入新石器时代，开始农业生活，早期聚落出现，多建于水源充足、土地肥沃的场所。人类会饲养动物、栽种谷物后，不必再四处迁徙觅食。当固定的农耕部落形成村落和乡镇时，居民开始用泥砖、石头或木材建造房屋取代帐篷、木棚和洞穴等原型空间。乡村聚落和城市聚落在这个阶段已广泛地分布于两河流域、尼罗河流域、印度河流域、黄河与长江流域等人类文明的早期发源地。地理和血缘以及与之伴生的自然法显性或隐性地决定着村落样态，而经济与政治的刚性则是城市聚落的纽带。理性体现在聚落发生的各个阶段和各处：每个具体的聚落都是人类用智力理解和应对现实的（有限）能力，即理性的表达。

实际上，大约公元前 1 万年，人类就开始过着农耕生活，开始在一个地点定居下来，培育品质最好的农作物，饲养绵羊和山羊供给肉类和羊奶。具有自然的与非自然的意义的牢固房屋被造出来居住，它们共同构成历史地理学上的基础视野。

就占据的材料而言，聚落环境定向时期，大多数的人类居无定所，个体和族群不断迁徙以猎获食物，在树上搭建巢居，用树枝、树叶、树皮等植物编制棚屋，用泥土或树枝、茅草封盖地穴，那些拥有优越心智和体力者则占据天然洞穴等空间并把它们变成自己及其家族或族群的私密居所，这些居所往往处于便于食物猎获与防御的特定景域。这种穴居、半穴居窝棚在中国商周后期，还被乡村和城市居民普遍采用。这种存留可能关联特定的个人偏好和经济目标。

AF. 在人类第一次劳动大分工之前，与游牧或游耕的生产方式相匹配的原始聚落已经出现，这种原始聚落逐渐完成了各种有意味的形式配备：私密居住空间、公共设施（包括公用水面与视野）、猎获食物的场所以及共同的关于对世界的观念等，已具备聚落的各种习俗和法理特征；农业的普及进一步促进了这种避难所与特定视野的相对固着以及聚落形式符号层的定向，特定的形式符号层和物质实在层还取决于特定聚落共同体收益及其猎获生资的模式。

在这个时期，人类借由原始农业获得较为充分的食物，通过捕鱼和种植获取可观的蛋白质与谷物，需假以时日得到的垦殖物增加了人类固定居所的权重，最初的聚落渐次成为物质实在。

AG. 目前已知中国最早的聚落，是西安近郊公元前 4000 年前的半坡遗址，住屋平面为圆形，泥巴墙的构筑可能援引帐篷的配置。同一地区的聚落后期是长方形建筑，木构架。偶见分隔成几个房间的房屋。

各个聚落留存族群迁徙的印痕并表达个性，且有较为统一的乡土性。

聚落环境的认同时期尽管不排除异化，但更强调对建筑文本给定的几何学之美学态度的巩固，且表达在居住上的基本秩序初见端倪，要求承认某种建筑伦理需求的主张变得如此强烈并使聚落居民非接受不可，以至于否认、拒绝接受后推翻这种伦理要求的个体极少存在，各聚落内的建筑风格表现出高度统一。

GA. 仰韶文化的居民此时拥有以农业为主的定居生活，聚落多集中在河流两岸的台地上以便于耕牧和交通；村落已开始观照居民的共在。陕西临潼姜寨古村落遗址居住区有五组，每组都以一栋大房为核心，其他较小的房屋环绕中间空地与大房子做环形布置。

陕西西安半坡遗址分三个功能区：南面是居民区，有 46 座房屋；北端是墓葬区；东面是制陶场。仰韶文化房屋常在室内用一根或三四根木柱支撑屋顶中部的重量，木架结构尚未规律化；仰韶晚期出现柱子排列整齐、木构架和外墙分工明确、建筑面积达 150 平方米的建筑。

AG. 两河流域下游文化发展最早，同埃及约略同时，公元前四千纪，许多小奴隶制国家已在那里建立。两河流域中下游的人们用黏土和芦苇造房以弥补木材和石材的欠缺，有些用乱石垫基。

HA. 公元前 4000 年开始，两河流域中下游大量使用土坯，并于公元前四千纪末出现拱券技术，仓库、坟墓和水沟上经常使用，还有带发券门洞的住宅和庙宇，而这一习俗在 2000 年后才在中国零星出现。将树干排在土坯墙头、铺芦苇、拍一层土构成一般房屋的屋顶。低劣木质导致当地房屋很窄而长向发展。内院由于房屋内部结构不发达、气候炎热而被特别强调。四面围着房间的方院此时已经定型并成为聚落居住最常见母题，并因迁徙族群的传播随后成为东方建筑的基本型制。朝北的主要卧室是与当地夏季蒸热、冬季温和的气候达成的默契。其饰面技术和相应的艺术传统对以后的影响最大，这些技术和艺术传统从公元前四千纪时开始流行，以适应当地多暴雨的天气，保护土坯墙免受侵蚀。陶钉被用在一些重要建筑物的重要部位，沥青在公元前三千纪后逐渐替代了陶钉被用于保护墙面。而沥青在 5000 年后才开始被引入中国。带浮雕的横幅墙裙是这一地区古代建筑的特质之一。与此同时，琉璃被此地的人发明并成了当地饰面材料中最重要的角色，且随着族群迁徙传布到上游地区和伊朗高原甚至更远的地方。人类从容的居所制作不仅说明人有生存权的需要，而且彰显着一种正义的社会生活秩序的确立，以及这种秩序所应当竭力促进的其他更高的价值，比如安全与富裕或聚落共同体的福利。

CA. 棕榈木、芦苇、纸草、黏土和土坯是古埃及人常用建材，以回避尼罗河两岸良好建筑木材缺少的困境。埃及人早在公元前 4 千纪的石器时代就习惯用光滑大块花岗岩石板铺地。承重墙和柱、梁结合形成空间。砖头至迟于古王时期（公元前三千纪）被发明，砖砌拱券随之出现（砖与拱券结构在 3000 年后才开始出现在中国汉代）。古埃及人于公元前四千纪发明了用正投影绘制建筑物立面和平面图的方法。

　　人类实在建筑文本的艺术性此时已由模糊变得清晰，原始宗教的客观化和外在化以及对彼岸的联想进一步增进了建筑艺术的圆熟，使住居中特定符号表达神话-宗教意象成为现在与定在，于是自然之法的本质，即来自于神的启示和人类理性的某些永恒的、普适的、不变的道德原则被物化于居住。

聚落的发展

　　人类聚落的发展阶段，大约相当于中国新石器时代龙山文化至战国时期。该层次的聚落强调形式符号层，注重使用关系或建筑文本的直接性物质存在。

　　此时空间文本继承了前期的显性建筑知识并开始强调其有意味的形式。由于世界范围内众多族群的迁徙及其建筑文化的在地化建设，这个时期各域文化的空间文本进一步表现出对同质文化与异质文化实在建筑成果的观照。

　　尽管这个阶段乡村聚落的普通私密居所以原住民的风土建筑为主，但代表本域文化与他域文化较高水平的公共设施或富人居所已经在世界范围内确立。

　　人类聚落的情境定向时期大约相当于中国新石器时代龙山文化早期至夏朝初年。村落是此时乡村聚落的主要代表，城市聚落的重要地位在社会生活中日益显现，并较乡村聚落更强调利他主义、公正法律与公共福利，尽管利己主义在不同市场类型中显示出资源配置的多种能动性。

　　FA. 这一阶段龙山文化的村落承袭了前期各种构造习俗，并依据新欲求和地理学条件创造出新型制，在室内地面和墙上抹白灰的习俗普遍存在，以便提高居住空间的质量；初级土坯和夯筑技术、白墙上的图案开始在龙山文化出现。尽管目前没有确切的考古学证据来证明这种技术与工艺的来源，但也没有证据能证明其与族群迁徙的关联，因为在这个群落时代有大量拥有相对先进建筑经验的迁

18

徙族群陆续进入黄河上游及其支流流域。公元前三千纪，两河流域比如乌尔，由土坯或夯筑的、风格成熟的高台（比如山岳台）是聚落中最流行和最重要的标志，它们的出现源自人类已成秩序的持续祭拜活动，并以特别的显性体量引导荒漠中的旅行者。山岳台等大体量建筑是人类在实践世界的一次大胆行动，它修改了自然的定义，表达了一种与自然对立的人的理性。因为有理性的人能够辨清建筑的一般原则并能够感知建筑与秩序之间的某种本质关系。

　　AE. 中国聚落的公共空间（祭坛、神庙）以土筑的长坛或圆坛的形式开始萌芽，二重空间、经过装饰的神庙①在该时期偶现。纯粹宗教建筑遗址及其遗存表明，如果它属于原住民成熟的宗教——拥有专门的祭拜场所、祭拜仪式和祭拜偶像——那么它在公元前3000年左右的中国已经确立。显然这个结论是不成立的。剩下的一种合理的解释是，它属于迁徙族群，比如来自约旦河流域的迁徙者的历史记忆的在地化构建，它隐喻特定美学态度的外貌指向其原型的美学判断。这一当时的"高科技"的空间文本为当时原住民的建筑创造提供了新的原型，并使当地建筑民俗新图景的出现成为可能。但必须注意却又常被忽略的是：就世界范围的建筑文本而言，这种新出现的文本只是两河流域、尼罗河流域和印度斯坦在此前2000年就开始流行的、技术含量较低的建筑习俗。

　　FA. 这个阶段爱琴海诸岛已有相当发达的经济和文化，建筑同埃及的互有影响。克里特岛和迈西尼岛是公元前二千纪上半叶和公元前二千纪下半叶爱琴文化的中心，希腊的众多族群迁徙至此，直接在爱琴文化时代的城邦原址发展起一些城邦，继承了这里的一些建筑技术、型制、装饰题材和建筑细部，爱琴文化因此被人称为希腊早期文化。但爱琴建筑文化此时尚未具备一般性的功能和意义，

---

　　①　潘谷西主编：《中国建筑史》，中国建筑工业出版社2009年版，第20页。笔者认为这在中国是个特例。但在两河流域、印度河与恒河流域以及伊朗高原等古文明发源地，这种宗教建筑空间早已成熟。基于当时特定时空异常活跃的族群迁徙以及与亚洲或爱琴海文明、尼罗河文明的相互关联推测，该宗教建筑只能是迁徙族群在地化文化构建的遗存。这并不否认此前中国有原住民建筑文化的存在，只是说可能还比较落后。

它还没有渗透到希腊文化存在的全部广度和深度，希腊文化只是爱琴文化的一小部分，二者之间有过一个中断期。

EA. 现在所知的克里特岛建筑都是具有世俗性的，聚落的物质实在层和形式符号层借由个体建筑得以具体呈现，亚叙和叙利亚的建筑技术由于频繁的族群迁徙以及文化交流在这里被援引成俗：用乱石垒墙的下部，用土坯垒上部，木骨架加在土坯墙里。墙面抹泥或石灰，露出木骨架，涂成深红色，构架露明。这种型制在中国的方国时期才获得了永久和确定的性质，在王国和帝国时代获得了一定程度的一般性，并成为武当道观的直接原型。中国建筑与爱琴海文明建筑这种惊人的形似性，可能隐喻它们之间直接或间接的源流关系，这种源流关系还涉及社会制度、生活习俗等。公元前2000年中叶之后，重要的建筑物用比较方正的石块砌筑，但仍保留木骨架，作为单纯的装饰品，用它划定门窗和壁画的位置。与克里特岛温和的气候相适应，当地的房屋是开敞的，常用几根柱子划分室内与室外，房间之间也是如此。每一组围着采光天井的房间中，有一间主要的房间，称为正厅，亦即中国的堂屋，它是长方形的，以比较狭的一边向前，正中设门，门前有一对柱子。这种正厅型制也在小亚细亚流行，作为最早的庙宇型制。流行这一建筑习俗的不仅有小亚细亚，还包括中亚细亚甚至东亚，因为小亚细亚与中亚细亚自史前时期就交流频繁，中亚细亚与东亚的交往也不曾间断。这种相对成熟的建筑型制突然出现在中国，而且主要分布于族群迁徙频繁的西北特定时空，应该关涉迁徙族群，因为中国缺失与之相匹配的发展序列。这种建筑型制经过在地化重构之后成为中国2000多年农业社会各种重要建筑的母题。

人类聚落的情境认同时期，大约相当于中国早期夏商周和战国时期，这个阶段强调聚落由物理时空向心理时空的过渡。作为农业社会的聚落，它同时是拥有共同祭祀、水面和民俗心理等公共存在的共同体。它见诸与意义相关的、与客观性相关的、与理智相关的以及与表现相关的各个层面的真实性。

夏代（前2070年—前1600年）的建筑至今尚待考古发掘。

这个阶段，尼罗河流域属于中王国时期（公元前21世纪—前

18 世纪）和新王国时期（公元前 16 世纪—前 11 世纪），由于中王国时期手工业和商业的长足发展，强调经济意义的城市陆续出现。在古埃及最强大的新王国时期，财富和奴隶因为频繁的远征而大量流入埃及，西亚建筑影响随之传来。

A. 商代（前 1600 年—前 1046 年）代表性聚落尚待考古发掘。根据有限的考古证据推测，此时乡村聚落的最主要建筑形式——私密居住仍以长方形与圆形的穴居为主；显性与隐性宗教建筑是聚落的公共建筑构成之一，虽然它代表的是一种特殊的，或许是简约的祭拜行为，但它却是在一般性中代表着这一行为。商人崇拜灵魂并有拜物教倾向，祭拜山川以及各种自然现象，尤其相信天意决定人类承受的苦难，以此有了卜筮与记录，这也是约旦河流域最古老的习俗之一。① 与其相对应的秩序是自然主义之法。在早期有组织的社会范围内，几乎都普遍采用自然崇拜和鬼神崇拜，因为人都有安全感的欲望。大规模有组织的防洪和灌溉工程在此时进一步成熟；君主分封采邑，其下有许多诸侯，诸侯纳贡并提供军队保护国君，诸侯的根据地多是以储存贡物的谷仓为中心建立有城墙的城邑。因此，中国作为国家一开始即以城镇为基础而发展。此时，武力与非武力的族群迁徙正在世界范围内频繁发生。公元前 19 世纪初，巴比伦王国统一了幼发拉底河和底格里斯河下游，并征服了上游。公元前 16 世纪初，巴比伦王国灭亡，两河下游成为埃及帝国和上游亚述帝国的附庸，这种迁徙对各区域建筑文化的样态产生重要影响。这一时期实证主义之法在各国的治理中的作用渐次凸显，砥砺着自然主义之法。

从公元前 11 世纪起，利比亚人、埃塞俄比亚人、亚述人和波斯人轮番征服埃及，冶金术发展起来，铜器和石器为铁器所取代，

----

① 商人的这些重要习俗与两河流域的居民有着令人惊异的相似性。他们的先祖可能与来自亚欧草原游牧民族的族群相关，这个迁徙而来的族群的历史记忆中可能还蕴含古埃及或恒河、印度河流域的民俗心理，但其主要成分是游牧民族性的——嗜血、虔诚、建筑水平相对低劣等。他们这些历史记忆及文化经由在地化重构生成种种新特质，但仍有鲜明的原始历史记忆的烙印，比如鸟图腾、歃血为盟、千夫长与百夫长军衔等。

原住民的石材加工工艺退化。但埃及建筑文化的意象与意境却超越其发源地，被地中海西部、西亚和波斯所认同，大量的工匠自愿或被迫成为新居留地的建造者。

EA. 公元前一千纪中叶，古希腊文化逐渐繁荣，对地中海东部沿岸地区产生了决定性影响。埃及的工艺品和美术品趋向模仿希腊式样。一些希腊商人在尼罗河三角洲定居，建造住宅、旅馆，直接传来了希腊的建造传统。

AE. 西周时期（前 1046 年—前 771 年）中国典型的聚落遗址尚待考古发掘。瓦和铺地方砖此时开始在中国出现。与祭祖相关的建筑空间进一步与私密居住共在，或独存在于聚落的公共场所。它们是道教建筑最古老的原型文本，周人延续商代信仰，并建立了完备的道德化律法，即宗法制度，将之与祭祖相结合，以确保继承权。在他们看来，国家秩序与家族以及族群的秩序紧密相关，基于人类本性的基本特点，要予以规范的保护，因为社会行动的一些目的对多数人而言是共同的，这种共同性正如维克托·克拉夫特所说，构成了理性道德理论的中枢。周文化的主流应该包含了相当一部分两河流域迁徙族群的在地化文化创设，因为纯种周人包括姜姓周人的后代至今仍保留着与其远祖极其相似的内在基因和外在体像等人种学特质①。这为道教的创立在物质与精神上提供了物质基础和历史记忆。在普通聚落，商代防洪、水资源保存工程、水路交通等做法被保留下来，并进一步完善。

在两河流域，从公元前 7 世纪后半叶到公元前 6 世纪后半叶，统一的后巴比伦王国得以建立。两河上游建立了亚述国家，公元前 8 世纪征服巴比伦、叙利亚、巴勒斯坦、腓尼基和小亚细亚，甚至征服了阿拉伯半岛和埃及。又于公元前 7 世纪末被后巴比伦灭亡，

---

① 2009 年 4 月，笔者在武汉接触到一个姜姓后裔、50 岁开外的淮南男性，他有着酷似约旦河流域赛人的人种学特征。在交谈中，他否认自己有西亚血统，说自己老家在山东，祖上有完整的家谱流传下来。根据家谱，姜子牙是其家族的第十三代孙。其祖上被封之前居于陕西，山东是其先祖的封地。家谱中记载的唯一姜姓女儿是姜嫄。笔者告诉他，姜嫄是传说中周的始祖后稷之母。但他此前对此似乎不甚了解。

后巴比伦则被波斯帝国灭亡。公元前 6 世纪中叶，波斯帝国在伊朗高原建立，向西扩张征服了整个西亚和埃及，向东扩张到了中亚和印度河流域。这种频繁而广泛的争战指向托马斯·霍布斯所言的"人本质上是自私自利的、充满恶意的、野蛮残忍的和富于侵略的"。而实证主义之法还没有完全在世界范围内确立，因为世界受制于自然主义之法的主宰。在这个区域内，世俗建筑占据着主导地位。聚落出现了指向迁徙族群在地化文化的新特质（见图 1-1）。

图 1-1　聚落的意境认同：湖北省南漳古山寨①

AE. 公元前 500 年的中欧高卢住着塞尔特人，他们的村落属于酋长所有，木屋，并用木材和茅草做成栅栏环绕村子，外面有很深的壕沟。那里的贵族是在酋长和酋长家人之下，包括战士、德鲁伊特教僧侣和工匠，最下面一个阶层是一般居民。塞尔特人大多务农，利用牛来拉特制的铁犁耕种。

春秋时期（前 770 年—前 476 年）的聚落遗址有待考古发掘。此时（前 525 年），古埃及被波斯人征服。公元前 4 世纪中叶，马其顿的亚历山大大帝崛起，向东一直征服到印度河流域，并在所到

---

①　图片由赵冰教授提供。

之处提倡希腊文化，这种希腊化尤其表现在与居住等相关的生活世界变化之中。

GA. 当马其顿于公元前326年入侵旁遮普地区时，旁遮族的国王阿姆比亲自与亚历山大会了面，这次会面意义深远：他深刻意识到一个帝国的意义，目睹了一个有高度纪律的军队能取得怎样的业绩。也许正是亚历山大这个榜样暗示了他，使他日后有可能建立起孔雀帝国，才使他的孙子阿育王把佛教发展成世界上最大的宗教之一。作为亚历山大入侵亚洲整个活动的一部分，他的入侵对印度的直接影响、间接引导是不可估量的，印度因此与希腊世界发生了联系，希腊王公在印度治理了一百多年，印度在很长时间里被纳入希腊化的轨道。这种希腊化毫无例外地反映在印度的建筑艺术中，并随着佛教的兴盛传遍亚洲，这其中包括佛塔、佛殿的配置，比如偶像，还有隐性的和显性的秩序，比如自然法和实证主义之法。

HA. 由于波斯帝国对印度的武力入侵，阿契美尼德时期的包括建筑在内的艺术由多种外来因素混合而成，除了为了宣扬统治者的力量，还有迁徙族群和原住民建筑文化间的内在亲和与外在涵构。一些波斯因素经常出现在印度斯坦和印度中部的早期印度艺术流派中。它们的可能来源包括：大部分是在公元前5世纪至公元前4世纪，当犍陀罗和塔克西拉处于阿契美尼德王朝统治之下时直接从伊朗来的；其很多因素可能通过大夏传来，时间大约在公元前3世纪，当时孔雀帝国的疆域延伸到了大夏；或许，希腊-大夏王国在公元前2世纪或1世纪的疆域远达朱木拿河，印度斯坦腹地因武力或和平的迁徙族群的到来而出现了希腊-伊朗文化；还有一种可能性不能忽视，即在塞人-安息人统治下，一些伊朗元素被引入犍陀罗艺术，当时西亚文化和希腊文化出现了引人注目的复兴，波斯艺术因武力迁徙者的到来而在与印度艺术的博弈中完成了定向和认同。

因为族群不断迁徙，中国也在这种世界性文化生长的涵构之内，中国建筑就在此时以原型选择的方式完成环境定向，这种定向给人性及其价值、人与人之间的调节机制留下了更多的余地。

聚落的成熟

人类聚落的成熟期大约相当于中国的秦朝至魏晋南北朝时期。这一层次的聚落强调意象世界层的表达。在长期稳定的农业社区，由于携带先进文化的族群迁徙的欠缺，聚落形态发展缓慢。

这一阶段聚落的特质，主要体现在因生产技术的进步和社会发展而引起的乡村聚落和城市聚落的进一步分化上。人们所包容经验模式的演进，导致了聚落的出现与分野，聚落分野进一步加剧了经验模式的异质演进和同质关联，聚落的面貌则因为城市与乡村居民猎获生资模式的不同而大相径庭。同时由于特定共同体的民俗心理以及特殊有影响力的个体的表达方式的异质性而呈现不同的风格。美学的愉悦伴随着智力的愉悦，社会秩序的相对稳定进一步被表现。

在聚落的意境的定向时期，聚落完成了从物质实在层到形式符号层以及意象世界层的完善，并实现了从物理时空到心理时空的跨越，表现出中国建筑在发展上的巨大缺环或断裂。一般而言，这种跨越应该与迁徙族群（或泛化的族群迁徙）及其建筑文化和历史记忆的在地化建构直接相关。这里尤指异文化间大规模的族群迁徙或文化传播。

这个时期的聚落在数量上仍以乡村类型居多，并因农业技术进一步增进、生资相对廉价、人口增加而日益稠密；而在物质实在层与形式符号层的表达上，市镇聚落的情景图式进一步嬗变。

乡村聚落的意境借由环境与情境生成时，造就了种种习俗。首先，中国乡村聚落在形态结构上进一步参照了新石器时代就出现的风土建筑结构及东方住居的基本结构，并以对风水习俗的遵从来强调与天、地、人、神之间的共在关系。其次，中国单体与庭院空间组织涵构了两河流域、爱琴文化的方院、多柱阻隔内外空间的主建筑和大门的布局，并将这种布局重复运用于较大的公共空间，比如神殿、官府等公共建筑中，隐喻了多重意象，比如社会秩序与国家架构。而这种意象得以生成和传播，依仗实证主义之法的许可。

FA. 市镇聚落集纳了大量迁徙族群和多元价值，因此涵构着自

25

由和平等的因素，并往往以经济与政治主导博弈，以法律干预秩序，保障共同体的公共福利，为迁徙族群文化的在地化构建提供了众多舞台；城市聚落自有习俗，并因优秀的手工业和商业的聚集而摈弃乡土因素，发现理性重创良多新特质。由于维生手段的差异，以城市上流社会和乡村上流社会为主导而在长期历史发展中呈现不同样态。较明显的性质变化反映在随着社会发展而更替的富有阶层的居所和公共空间之上，更多是在适宜技术上不断演进的乡村住宅，且互有影响。城镇聚落强调社会关系、自成体系；任何域文化的乡村都因农业文明的本体性而一直存留着早期聚落的两大特征：以适应地缘比如当地的地理、气候、风土等展开生活方式——农业生产等；以适应家族（原始社会为氏族）的血缘关系为生存纽带。因而乡村聚落由于稳定的对生活资源的猎获方式和异文化因素的欠缺，发展相对缓慢，在一再强调对物理环境的观照时发展出与特定居民相匹配的意象与意境。

村落是乡村居民生命形式的具象。这个时期，中国代表性的乡村聚落尚待考古发掘。中国考古学发展相对滞后，多以宫殿、陵墓或大型墓葬为考古对象，对一般性的历史遗存，比如平民聚落的发掘通常是在对贵族墓葬、皇宫等的挖掘时附带进行。直到 2005 年前后，以武汉大学考古学教授杨宝成为代表的中法联合考古队，开启了中国考古史上专门对平民聚落考古发掘的先河。在中国考古学论著中，关于古代聚落遗址材料及其论述极其欠缺。

FA. 这个时期是古埃及的后期，即希腊化时期和罗马时期，埃及先后被马其顿王国和罗马征服。包括聚落在内的建筑发生了很大变化，有了许多希腊、罗马因素，出现新型制。

聚落意境的认同阶段，约略相当于中国的三国两晋南北朝时期。

AF. 这一时期是中国境内族群大规模迁徙之时，晋室南迁，中原人口大量迁入江南，迁徙族群的历史记忆、先进文化的在地化以及江南的相对太平，经济文化迅速发展，新的南方乡村聚落形式大量出现，尤其是体现在地化文化的民居新形式的出现。同时，北方十六国时期，西北异文化族群大量迁徙到中原地区并开始其在地化文化的建设，尤其是体现在地化文化的民居的生成。但没有可比两汉的大规模的建造活动及其建筑上的创造和革新，只表现为对汉代空间文本的认同。

对于迁徙的族群来说，最关键的是占有并适应新的生存空间，这种占有和适应既要观照新的物理环境，又要观照自己族群和原住民的文化和历史记忆。对于从中原南迁的族群而言，他们不会采用像两河流域的人们那样以屠城或灭绝的方式来对付原住民，也不会像爱琴诸岛上的迁徙者那样将原住民迁徙他地，而是倾向于与新的物理环境与历史环境共在，建立自己的新居所是他们首先要考虑的。住宅是指用于居住功能的建筑，而民居则包含住宅及由此而延伸的居住环境，民居较住宅更加宽泛。住宅和民居在内涵和外延上不同。住宅可以从平面、外形、结构、气候地理、民系等方面加以分类。对于公共空间很不发达的早期中国农业居民来说，民居是包容了避难所与视野嵌套模式的极其重要的生存空间，并在居民的一生中着力经营。从这一层次着眼，正如乌尔比安所言，民居物化了自然法，即所有动物所通用的法律，民居承载着男女结合的婚姻以及繁衍和养育后代等多种人的生存权的保障功能。

HA. 稍后出现了与族群迁徙密切相关的聚落。中国福建客家土楼的形式符号在 WXYZ 尺度上表达了中国意境层次上的乡村聚落，并强调了族群迁徙与文本创造之间的相互观照。作为因避乱从黄河流域东迁的汉人后裔，迁徙者逐渐将自己的建筑文化与历史记忆在地化，他们在东晋时迁至赣水中部，唐末至北宋转移到韶、循、梅、惠诸州，并逐渐成为客家，南宋以后主要定居于岭南山区，并有部分继续迁移。其聚落特质逐渐定向，楼高墙厚，用土夯成，平面为方形或圆形，保留了北方汉人周初以前已出现的夯土建筑习俗，偏爱群聚一楼，是迁徙居民在"土械械斗"迁徙图存稳定和发展的生活世界风貌（见图1-2、图1-3、图1-4）。

AE. 客家土楼的物质实在层和形式符号层南北兼得，土筑外墙高大结实用于防卫；地处南方，在内墙、天井、走廊、窗口处及屋顶部分，檐口伸出遮蔽酷暑，注意防晒，室内空间开敞、通透，用活动式屏风、隔扇，以调节气流，强调了对南方景域的观照；援

27

图 1-2　迁徙族群建筑在地化文本的典范：福建漳州田螺坑客家土楼（一），
　　　　从正立面看"四菜一汤"

图 1-3　福建漳州田螺坑客家土楼（二），从上方看"四菜一汤"

图1-4　泛在地化建筑文本：福建漳州新兴集中式村舍

引北方住宅坐北朝南的习俗，强调风水。外环楼层开箭窗以回应生存挑战。

A. 兴起于秦的山水式风景园在这一阶段进一步完善了形式符号层，以私家园林的有意味的形式重现，中国聚落的意境在这一阶段才真正地被创造出来，完成了从物理时空向心理时空过渡的进程。

AF. 安徽歙县棠樾村是1130年南宋建炎年间一位文人的别墅，并成为其族人聚居地。其选址强调枕山、环水、面屏的风水要求，是避难所与视野嵌套模式的典范，它完善了水系，确立多座祭祀建筑，强调宗族礼仪。该村元代时以始祖墓为景观的中心点，明代形成"忠"、"孝"、"节"、"义"等排列的七座牌坊群。坊下有长堤关联，水口建筑群携带众多意象。"忠"、"孝"、"节"、"义"等社会秩序中的正义问题，在这里服从于聚落的理性讨论和公正思考。

村内建筑主要是私密住宅和公共建筑宗祠，在聚落的演进中一直强调对传统的观照和移转符号的表达，创造了一个介于一般农业社区和市井之间的异质生活空间。

通过情景图式可以把握聚落的风景。聚落外在于场所，指代特

29

定空间的边界和领域。这个阶段的聚落边界的表现和设计体现了WXYZ尺度上的文本创造。平面的封闭曲线构成边界，边界在立体上表现为封闭曲面，这是所有人类建筑的母题。而在聚落的边界上以何种物理方式钻孔、以开创有生机的赋予何种有意味的形式空间的工作，就是表现异质生命形式的聚落的建筑和设计，这种建筑与设计在物理学总水平上的飞跃关联异文化之间的博弈。物理学与心理学的叠加效应决定或更改聚落边界的特定样式，边界决定其内部领域以及情景图式。异质族群常常赋予同质场所以异质聚落，这种异质聚落源于异质社会心理、异质的物质实在层和形式符号层，指涉异质的意象世界层和意境超验层。

聚落的意境定向和认同是直觉层次上聚落的设计和表现，它可以是现实性聚落的再现（对旧民俗的援引），也可以是可能性聚落的演练（对新民俗的创造）。这种从时间的现实性和可能性的重叠角度对聚落的解释，揭示了聚落的样态。这样的样态满足了价值需求与欲望需求，援引并创造了秩序。

公元395年，古罗马帝国分裂为东西两国。意大利和它的以西部分为西罗马，首都在罗马城，以东的部分为东罗马，建都在黑海口上的君士坦丁堡（Constantine），即后来的拜占庭帝国（Byzantine）。西罗马以拉丁语系为主，东罗马以希腊语系为主。公元479年，西罗马帝国被一些当地比较落后的民族征服，后灭亡，一些聚落开始衰落，表现为聚落建筑形式的原始化倾向。东罗马从4世纪开始封建化，5至6世纪是其政治、经济、文化的极盛时期，带动了东欧、小亚细亚和西亚的发展。两河流域和爱琴文明的聚落情景图式被再次刷新。罗马帝国及其文化和秩序作为一种存在表明：有理性的人能客观且超然地看待世界和评判他人，建筑文本的存在关切特定国家的法律强制和引导。

第二节　正义与自由平等：城市原型

作为武当道观的文本原型之一，城市空间是联合居住，指向公共福利与利他主义，是泛化的聚落和人类社会发展的具象表达。城市的正价值为族群的大规模持续迁徙提供了新的可能性和场所。给定的城市集合了特定时空的人类经济、政治、文化等最高成就并集中表达正义与自由平等的保障体系，即城市治理机制，是城市居民共同理想得以实现和旧习俗得以延续、新习俗得以生成的重要场所，这种公共理想和习俗在城市确立后进一步决定其情景图式。法律因为保护其居民生来就有的和不可剥夺的自由平等权利而让城市聚落成为人类最愿意前往居住的场所之一。

本书所涉及的城市原型的时空范围为公元前 6000 年至公元 1440 年，包括古代埃及、两河流域和波斯、爱琴海、古代希腊罗马、古代美洲、西亚和中亚在内的城市空间。

给定的城市表达某个给定域义文化内人类的生存状态，其超越私密居住边界的延展结构与边界形式体现着人类共在的永恒秩序。含在其内或附在其外的神庙是自然法对居民一般权利和私人财产权的具体强调，尤其强调了人与天的关系以及不确定性在人类内在世界的权重，是各种城市空间文本序列及秩序的具象。城市里的神庙是神的住宅，也是城市居民的公共空间，它既强调集体人权也强调个人人权。它在各种空间组织关系的基础上进一步体现了人类世界的意象，并表达了与欲望对立需求和与价值对立需求的必然存在。

族群迁徙与城市的关联集中体现在宗教建筑等公共建筑的创作风格上。包括武当道教建筑在内的所有宗教建筑集中表达了自然法理论、人神分权的可能性，形成了早期国家政体的哲学基础；尤其是人民有权反抗政府压迫的正当权利的理论，构成了明代朱棣政权的哲学基础。

城市的发生

人类城市发展的第一个阶段，约略相当于中国旧石器时代中期至夏朝末年，这一时期的建筑文本原型主要以尼罗河流域、两河流域和印度河、恒河流域为代表，强调 XC 或 DX 尺度上的原型城市文本的创造。

城市的发生基于人类聚居本能。城市的品格与特定族群相关。相同时空，不同城市类型对应不同族群。族群迁徙是城市变革的根本原因之一。

在中国，方国时代是城市初生期。城市借由氏族部落或区域部落间的战争或贸易而产生，这种群际之间的交流强调了区域部落或氏族部落共同体对公共安全的理想，并经由城郭的建设而得以实现。

此时的城市创造集中体现了以前后承继的 W 尺度和左右对比选择的 X 尺度的二维建筑空间情景图式，其基本功能要素有：政府机构、手工业区和商业区、居民区、大型公共建筑是城市的形式符号。城市是人类社会的经济和政治文化中心，也是不同层次建筑技术水平集中展示的空间。

城市的环境定向阶段，特定城市文本指向特定共同体的场所感觉以及自然意义。

HA. 已知历史上最早的城市土耳其的卡塔尔忽于克城，在公元前 6000 年开始其环境定向。由于当地产品在其他地方可以卖到很高的价钱，贸易的繁荣使它由普通的聚落演变为历史上最早的知名城镇。大约在公元前 8000 年，当地人发明了制陶和编制方法，并利用临近火山产出的黑曜石制造利器和镜子，也会从野地采集食物或捕捉猎物以获取毛皮和兽肉。这个时期的房屋是一栋一栋连在一起的，没有街道，要进屋必须先爬到屋顶，再从屋顶的开口进去。卡塔尔忽于克人的房子里都有壁炉、拱形炉和炭火储藏库，还有嵌入的长椅和两个以上的平台，供家人坐着休息或工作，垃圾放在空房里面。在房屋连接处有神龛，涂漆，以泥塑牛头装饰，用于祭拜卡塔尔忽于克人的月亮女神，女神雕像的身旁陪伴着牛、豹、公羊和婴儿。在卡塔尔忽于克城附近设尸棚以放置尸体：当时的人死后，尸体会被放在远离城镇的野地平台上供觅食的秃鹫啄食，再加上自然的腐化，最后只剩下骨骸，家人把骨骸捡回家，埋在自己的屋子底下。

AF. 埃及大约在公元前 3000 年形成了统一的奴隶制帝国，城市遍布尼罗河河谷。两河下游的文化在两河流域发展最早。与埃及约略同时，许多奴隶制国家建立了，并于公元前四千纪末发展起了拱券技术，但砖的产量因燃料缺乏而受到限制。山岳台作为两河流域重要的祭祀场所，公元前三千纪几乎每个城市的主要庙宇都有一个或几个。

FA. 公元前三千纪的爱琴海岛屿和沿岸地区已拥有发达的经济和文化，城市大量出现。住宅、宫殿、别墅、旅舍、公共浴室和作坊等世俗建筑是克里特岛城市空间的主要构成要素；宫殿、贵族住宅、仓库、陵墓等是迈悉尼卫城的主要配置。卫城外面围一道或者几道石墙，有几米厚，石块很大，常有 5~6 吨重。

早在公元前 3000 多年印度就有了相当发达的文化，包括现在所知的人类史前城市。迁徙而来的族群于公元前 2000 年左右在印度北部建立了许多小国。古代印度的城市很发达，巴弗连邑、华氏城、王舍城是其代表。谟亨约·达罗城（公元前三千纪）是其中最古老的一个，位于印度河下游，现今巴勒斯坦境内。

HA. 谟亨约·达罗城是经过规划的长方形平面，面积大约 7.77 平方公里。顺主导风向的主要干道南北走向，有 10m 宽，由东西向的次要街道把它们连接起来，形成方格形的街道。每个街区长约 336m，宽约 275m。城市分上下两个城区，市民、手工业者和商人住下城，祭司和贵族住在上城，上城建在大约 10m 高的人工平台上（贵族筑高台建筑，后成为中国整个农业社会的建筑习俗）。上城有一座高塔和一座四周带柱廊的庙宇；下城有带通风管道等设备的巨大粮仓，由砖砌筑。比较大的宅院用红砖砌筑，有些住宅有两层。包括多间居室和大厅。屋顶是平的，为让穿堂风穿过各个房间，分隔房间的墙低于天花板。很完整的城市下水道系统由砖砌成，观照了每一户居民。城市的道路转角处作圆弧形以便利车行。谟亨约·达罗城的各种建筑物的型制初步定向，这是建筑达到相当高水平的标志。

谟亨约·达罗城成为包括中国在内的各异文化的城市原型，与印度城市型制相同的城市在中国近 4000 年的农业社会中被一再援引和强调。这种同质性可能缘自早期的族群迁徙或人类的集体无意识。就目前的经验而言，中国的城市出现在此后 2000 年，型制与西南亚相同而规模略小，除了居住遗址，大多数城市还有大面积夯土台，可能是贵族居住地及其活动场所①。

人类城市的环境认同阶段，约略相当于夏朝时期。

夏朝的早期和中期城址尚待考古证明。

GA. 被认为可能是夏朝都城之一的河南偃师二里头斟鄩，是粗具规模的城市遗址，占地 8 万平方米，周围分布着青铜冶铸、陶器骨器作坊和居民区，总占地面积约 9 万平方公里，出土了众多玉器、漆器、酒器等，是相对发达的手工业区和商品交换地。该遗址有大型宫殿和中小型建筑几十座，最大的宫殿有 8 个开间，周围有回廊环绕，筑在夯土台上。高台建筑是整个人类建筑文化尤其是东方建筑文化最常见的符号，也是所有道教建筑最基本的配置。斟鄩的殿堂有较为规整的柱列、开间。城市从源头上就强调了其经济本质与政治本质，它是市场与行政管理的共同聚落。这是中国迄今发现最早、最大的木架夯土建筑和庭院实例，是中国方形廊院的早期蓝本，也可能是印度、两河流域和爱琴文明民居的简单移植。最早在夏代至商代早期，具有完整西亚、两河流域和爱琴文化型制的院落式建筑组合开始在中国找到着力点并在地化。

夏，原来特指某个部落联盟，由夏后氏、有扈氏等 12 个姒姓氏族部落组成。得益于族群的武力、和平迁徙与在地化构建而不断

---

① 由于本书篇幅所限，在这里不展开论述经济因素对建筑的重要影响。中国城市萌芽时期，正是族群大迁徙、在地化文化创立和历史记忆展现、中华民族形成之初。从城市的型制与建筑技术比照，我国建筑的源头与印度、两河流域相关，它们是在地化文化重要的着力点。中国建筑的起步之所以远较两河流域和恒河印度河流域为后，可能与其早期居民中起决定因素族群的历史记忆与经验图式——草原游牧民族因生存需要而忽略建筑文化，以及中国原始社会经济相对欠发达相关。中国早期建筑文化或在地化建筑文化的代表性形态主要起源于游牧民族文化这一推论，这可以从早期的部落酋长会议"四岳十二牧"推演而出。这种社会组织构架和语义学上的共通性与以早期犹太人为代表的西南亚游牧民族完全一致，可以在《旧约》中得到验证。尧舜等军事首长的职责是统帅军事、担任主祭，祭祀天地、山川、拜神。黄河下游一带太古时期居住的以蛇为图腾的太昊和以鸟为图腾的少昊，按其各自的图腾崇拜推测，少昊可能是迁徙而至的族群，而太昊族群定居农耕的历史更悠久，因而是相对的原住民。

强大，成为国家。

　　"《圣经》中的塞特即姬（Seth）姓后人上古时期从西北方进入东亚。塞特的后人很多，其最有成效的文化创造就是诺亚（Noah）之后闪人（Shem）族群和汉人（Ham）族群所创造的埃及早期文化。随后，陆续东迁到东亚的闪含后人和先于他们达到的雅弗人（Japheth）创造了新的在地化的华夏文化。在他们之前，已有古氏人（Adam）、姜姓嫡系的古羌人（Cain）和古越人（Abel）在此居住。"①

中华文化的源头，就表现出与人类同在的特征。

HA. 该时期是古代埃及中王时期，手工业和商业的发展使生产性的城市大量出现，形成了新宗教，神庙的基本型制从皇帝的祀庙脱胎出来。在两河流域下游，公元前 19 世纪初，巴比伦王国统一两河下游，甚至征服了上游，建筑文化因族群大规模迁徙而呈现多重图式。

GA. 公元前 2050 年，位于美索不达米亚平原南部的苏美尔城邦确立，苏美尔人使轮子得以问世，并发明了由符号和图像组成的文字，建造了塔庙、山岳台等宏伟建筑，塔庙里供奉着南纳，她是月亮之神，掌管着人类世界重要的隐性秩序。社会治理秩序已物化于外在，为法律责任的生成提供了可能性。乌尔城是其代表性城市。美索不达米亚平原南部的气候炎热，苏美尔人利用芦苇和棕榈叶、晒干的泥砖构筑居所，也会用芦苇制成小渔船，和搭盖饲养牲畜的小棚子。乌尔城缺乏石材、金属和上等木材，苏美尔人就用谷物和布料进行交易。

城市的发展

人类城市发展的第二阶段，约略相当于中国的商朝和西周，此

---

①　赵冰：《族群迁徙中文化和历史记忆的在地化——在地化的武当文化》，载《华中建筑》2008 年第 12 期。

一阶段以黄河文化为主，城市在完善物质实在层的基础上观照形式符号层。中国从商朝起分封采邑，诸侯各有自己的城池。商代政体具有显著的在地化文化特征，这种政体进一步体现在有外墙的合院建筑——民居及其城市的情境创造上，城市成了体现一国政治现实存在的直觉表达主题，甚至军事营寨也都采用了一般城市的形式，但这更多是基于避难所的自然构建法则。大多数城市以经济为主导，人们在城市里居住，可以自由而平等地进行交易，因此获得财富和尊严。并且，如果能够顺着自己的道德本性去行事，就能达到善。

城市文本原型和情境体现了城市发展中对传统的继承即前后的承接关系（W），以及在此基础之上左右的对比选择关系（X）。首先，这种选择文本或情境关系强调诸文化的共在，反映在城市型制上就是具有异域文化特色的各种功能空间的配置。在此给定时空的诸城中，都具有或新或老的原住民文化和在地化文化特征。其次，这个时空的城市强调人类的共在。

包括君侯在内的庄园领主的行政地点与居所往往是一个城市的中心点，其政治或经济的需求会鼓励货物的交换以及工业生产的专业化，支持这种交换和生产的（负有赋役与贡租义务的）匠人与小商人的居所构成了这个复合聚落的主要组成部分。常规性的财货交易凭借专门的空间而存在，盈利与满足需求使此种交易成为当地居民的主要生计。而都城的展布物质性地传递着这样的信息即詹姆士·威尔逊所说："秩序、均衡和合理遍及宇宙，在我们周围、在我们心中、在我们之上，我们都赞赏那条我们所不能、不应、不该偏离的规则。"

城市的展布揭示了人类存在方式具有空间性的本质，并仰赖特定共同体的才能，尤其是设计城市治理机制的才能。在特定城市空间，一个正义的法律制度所必须予以充分考虑的人类需要中，市民的自由权利（包括言论自由、集会自由、迁徙自由、获得财产和缔结合同协议的权利）越充分地得到承认，城市的发展就越充分。市民自由权利得到尊重的物质特征是私密建筑与公共设施比如宗教建筑的充分发展。

城市的情境定向阶段，约略相当于中国的商代。

EA. 这一阶段联合居住的形态以城市为代表。一般将都城同一般的城市区别开来。实际上，在形态结构原型上，都城和非都城是完全一致的，只是宫殿在形态结构认同上较突出、含载的在地化文化的成分更多、水平更高。

AG. 这个阶段，中国的几座城市遗址有成片的宫殿区、手工业作坊区和居民区，散漫无序地分布着，间以大片空白地段，强调了城市所属的初始阶段。夯土台上的复合宫殿区、宫城内城外城配置是城市文本创造的突出表现，同时将几个宫殿、宗庙组合在一起，满足了社会功能的不同要求。位于河南偃师二里头的早期商城遗址是组合宫殿的典型实例。它由宫城、内城、外城组合而成，宫殿区位于城内的南北轴线上，庭院式的宫殿有多座，其中主殿长90m。在商的后都殷，王室居住区、朝廷和宗庙区、王室祭祀区的建造既独立又相连，布局进一步理性。幼发拉底河中游的马里宫殿是该时期较为重要的建筑。宫殿以公众觐见国王的中庭为主，并有举行仪式的中庭和国王居住部分的中庭。

这一时期的宫殿和神庙进一步表现出各自的原住民特色以及在地化文化的特征。

位于安阳小屯村殷墟宫殿建筑基址中的人畜葬坑、作坊、墓葬和宫殿区混杂，宫室周围长方形与圆形的奴隶穴居暗示了商族作为迁徙的游牧族群早期嗜血的历史记忆和文化特征。商人发祥于山东半岛渤海湾，主要从事游耕农业，与此相应，商人具有迁徙的习性，以鸟为图腾。

城市的情境认同阶段，约略相当于中国的西周时期，是中国城市里坊制的认同时期。

西周时期的典型城市遗址尚待考古发掘。

由于是凭着优势兵力从渭水上游而来，周人关于自己早期城市的记载大多语焉不详。随着制造业的发展与农产品交易的扩大，尤其是分封制的实行，城市的经济地位与政治地位更加突出，城市数量基本上与分封大小诸侯的数量吻合，城市成了国家的文化、政治、军事、经济重心，吸引了各方面的人才和族群迁徙而至，并进行文化的在地化构建。事实上，这种强制性的聚居还往往表现为诸侯等城市的主要支配者以怀柔的方式强迫其次要的从属朝臣或官吏集中居住，并建立起相应的城市配套设施，这些设施依凭于经济政策中极度有利于城市居民的租税。至此，城市成了实证主义之法①的外在立体表达。

HA. 以周公营造洛邑为标志，一系列与新的社会发展阶段相匹配的城市出现，它们以具象的形式再次强调了分封制度：诸侯城大的不超过王都的1/3，中等的不超过王都的1/5，小的不超过王都的1/9。城墙高度、道路宽度以及各种重要建筑物都必须按等级制造，否则就是"僭越"。以建筑体量的大小和质量的高低物化社会阶层成了一条在早期所有国家都具有同等效力的正义规则。

周代众多城市是形态和大小各异的政治体制的具象，提供了东方社会秩序的完整图景。严格的等级制度，是东方文化和西方文化在传统专制型权威下的重要表征。城市的确立也使地方守护神的隐性知识显性化，城隍庙物质实在层确立，与土地庙同在，它关涉与意义有关的真实性以及与表现有关的真实性。

AH. 此期是古埃及最繁荣的新王国时期，频繁远征带来了巨大财富，富有创造力的族群迁徙而来，使新城的营造成为可能。公元前8世纪至公元前6世纪，在小亚细亚、爱琴海、阿提加地区，地域部落代替氏族部落，建立共和政体，这些城邦是古希腊先进的城邦，圣地建筑群和庙宇型制在此时得以增进，木建筑向石建筑过渡，柱式诞生，这些使古希腊城市的情境创造进一步成为现实。

各种异质域文化都在这一时期选择文本的创造中发展了新的在地化文化的情境关系，成为移转文本武当道教建筑的创造原型。

FA. 波塞波利斯是波斯最大的城市。波斯在大流士一世和泽克西斯王等君王的经营下成为强权帝国的中心。波斯人由于善待被征服的各国人民，所以比亚述人受到更多的拥戴和尊敬。波塞波利斯

---

① 实证主义法学，即认为法本质上是一系列规则，由立法者颁布和设定，用以贯彻他们的意志和政策，并通过官方权威所施于的强制制裁来执行。

由大流士一世兴建，有大流士一世和泽克西斯王的宫殿，以及他们接见大臣和外国使节的朝觐厅，此厅可容纳一万人，来自帝国各属地的人都聚集在此向帝王进献贡品。所以凡那些被列入波斯行省代表的、被法律视为相同的人们，在这里都以法律所确定的方式被平等对待。

城市的成熟

城市发展的第三阶段，约略相当于春秋至宋朝末年。这个阶段以古希腊、古罗马、波斯文化和中国文化为主，城市在环境和情境的基础上注重意境的创造，这种创造关涉与体验有关的理解和与表现有关的理解。

城市管理者一方面倾向于从人口数量增大方面考虑，依据城市发展模式进行制度性因袭，对已产生明显效果的显性知识进行强调和传播，是定义性的行为；另一方面打破里坊制边界，出现开放式街市，这种尝试具有实践精神。

随着铁器的使用和牛耕的出现、居民开始分化出现实力阶层以及异文化之间交流的加强，中国历史上第一次城市发展高潮来临。里坊制的确立、瓦的普遍使用以及高台建筑的出现，都关涉在地化文化的情景图式，城市的总体布局由随机向几何形演进，经由里坊制极盛期，到达开放式街市期，表现了对城市文本的直觉把握能力与实证主义法律的发展，为社会分工和个人生资而进行的交换是人的天赋权利，它体现了给予每个人以应得的东西的意愿，它需要国家法律的认可和保障。

公元前 7 世纪后半叶，两河流域建立了统一的后巴比伦王国，这是两河下游文化最灿烂的时期。公元前 6 世纪中叶，波斯帝国在伊朗高原上建立，并向西扩张，征服了整个西亚和埃及，向东到了中亚和印度河流域。公元前 4 世纪后半叶，被马其顿帝国灭亡。这个地区发展了多种世俗建筑和装饰手法，达到很高水平。该地区同周围文化交流频繁，大量吸收异域文化，并常利用迁徙族群的工匠建造宫殿，因此波斯帝国的建筑是其征服地区族群迁徙的在地化文化的代表，并成为世界建筑文化的典范之一。

公元 1 世纪至 3 世纪是古罗马建筑最繁荣的时期。重大的建筑活动遍及帝国各地，最重要的是罗马本城。武力及非武力引起的族群迁徙及其历史记忆和文化的在地化是古罗马建筑繁荣的重要原因之一。

城市的成熟进一步巩固在地化与原住民空间文本成果。

在意境的定向时期，城市在 D 态创造上指向意境超验层。此时的城市进一步体现美学价值和精神价值。

HE. 圣地建筑群的演进成为建筑习俗变迁和在地化文化建设的具体表征，是自然主义之法与实证主义之法的一种成功合谋和涉及人与人之间关系的社会美德，也是武当道教建筑群一种典型的文本原型①。这些建筑群落强调与自然环境的协调，善于利用各种复杂的地形，构筑多变的建筑景色，而由庙宇统领全局，同时观照近景与远象。

唐末的经济力量打破中国历史上沿用了 1500 多年的里坊制城市的边界，新的城市情景图式开始出现，北宋都城汴梁取消了夜禁和里坊制，出现开放式的城市配置，因为技术和经济的国际化迫使经济的发展超越原来的政治边界，出现了包括新的法条在内的城市治理新机制，对市民的自由权和平等权给予了更多的观照。

中国古代城市构造上的物理机制或设计方案包含多种层次，包括决定见诸城市建筑本身形态的设计方案，以及作为一种因素决定

---

① 陈天华主编：《外国建筑史》，中国建筑工业出版社 2009 年版，第56 页。古希腊的氏族时代，部落的政治、军事和宗教中心是卫城。部落首领的宫殿里，正厅中央设着祭祀祖先的火塘，它是维系全氏族的宗教的象征。这种习俗流布于爱琴文化时期的克里特和迈锡尼的宫殿。共和国城邦里，氏族部落取代了地域部落，人们日渐表现出对民间守护神敬仰，正室的火塘为守护神的祭坛所代替，卫城成了守护神的圣地。民间的自然神圣地作为守护神的老家也发达起来，人群汇集，举行体育、戏剧、诗歌、演说比赛，商贩云集，在有些圣地里定期举行节庆活动，与之匹配的竞技场、旅舍、会堂、敞廊等公共建筑物渐次创建。在圣地最突出的地方，神庙作为整个建筑群落的中心而被确立。圣地间竞争激烈，以期招徕香客和游客，以利于发展本城邦的手工业和商业。

城市配置的设计方案，而且城市历史进程的每一个阶段都有决定城市存在方式由显性状态转变为可能状态的转折点，它们表现在城市的选址、防御、规划、绿化、防洪、排水等方面习俗的承接及创新上，而且往往是，技术开道、经济跟进、意识形态统筹等方面。

HA. 公元前 424 年的雅典城，出现了很多一流的剧作家、哲学家和思想家，此时建造的希腊建筑、希腊雕像成为整个欧洲建筑和艺术的经典原型文本。古希腊分属的各个城邦，实施民主政治，由公民选出治理者，制定了相关的法律，智者已经开始研究法学。法学历来就是治国之学、强国之学，它不仅研究治国之理，也研究治国之力，还研究治国之术。① 城市具有剧场、竞技场、神庙等公共设施。于其上，经由民主政治而获得了合法、合格治理者和相对完备的法律，公民的人权得以比较充分的体现。

城市意境的认同时期，在一定的自然条件下，城市的构筑方法具有多样的可能性，将特定的可能性转化为现实性，关涉人们拥有的技术水平和对天、地、人、神共在关系的理解。城市空间具有"作为容器的空间"和"作为场的空间"的双重特点。城市拥有"中心"或"特异点"。城市的特异点的嬗变突出体现城市习俗及城市自身的演进。

作为一种场的空间，城市还是更大的场——区域的中心和特异点，它们表达城市显著的空间可能性。

此时的宫殿建筑在 WXYZ 尺度上强调了 D 态创造的种种特质。物质实在层和形式符号层已经定向并指向心理时空，意象世界得以确立并强调了对意境超验层的导引。此时在两河流域，以东西向为主轴的中庭是此时宫殿物质实在的基础性型制，各种中庭的变化组合所形成的形式符号层是由物理时空存在向心理时空存在转化的过渡层次，它指示人们进入最后的中庭，找到两河文化的公共设施更高级的、纯然精神的存在，即意境。

GA. 在这个阶段，中国的三国时期至唐代的城市的里坊制得

---

① 李龙等：《以人为本与法理学的创新》，中国社会科学文献出版社2010 年版，第 16 页。

到进一步认同和强调，并走向高峰。前一个阶段较自由的里坊制城市布局在此时表现出更高的几何性与功能理性，开创了一种布局严整、功能区分明确的里坊制城市格局。

EA. 三国时曹魏都城邺，平面呈长方形，宫殿位于城北居中，全城做棋盘式分割，居民与市场纳入这些棋盘格中组成"里"，"里"在北魏以后又称作"坊"。城市面貌更为壮观、城内交通方便、各功能要素区分明确，体现了理性的力量。

HA. 唐长安城是这种城市模式的经典。此时的"里""市"在管理和型制上依然传承旧习，但管制已有放松，唐长安城中三品以上的官员府邸及佛寺、道观都可以向大街开门，城中有了夜市，江南的商业城市夜市尤其繁荣。这和城市的经济发展以及行政制度是否完善有关。经济力量及其价值理性再次打破原有的政治理性与平衡，表明城市秩序的进一步稳定或治理机制的变更和完善，以及法律作为规则引导社会道德的内因性。

特定城市的情境图式直接关涉城市管理者的个体行为与市民共同体的社会行为，城市的情景图式因此被赋予特定个人（天子或天才）的主观意义（这种主观意义关涉他人行为）。同一个关涉城市构建的行动者或许多人的行动过程会在一种典型形似的主观意义引导下重复发生。当一种社会性建筑行动取向的规律性有实际存在的机会时，就成为建筑习俗，它包括外显的或内隐的，不作为或容忍默认。

FA. 元大都的规划者是阿拉伯人也黑迭儿和汉人刘秉忠。赵冰认为，元大都的里巷制，三套城和南北轴线的处理手法，体现了伊斯兰教的聚落意象。该城市东西 6635m，南北 7400m，接近方形，在南北和东西的中心交点上，设置了高高的鼓楼——齐政楼，同伊斯兰的清真寺在城市中的地位一样，鼓楼是全城的中心，宫城反而偏居南面，鼓楼的周围有中心阁、中心台、大天寿天宁寺和市场等；这种意象完全是伊斯兰意象的一种移置，而这种移置是成功的，因为它同时保持了中国过去的三重城和南北轴线的城市意象，两种意象的结合构成了东方聚落景域的新意境。武力迁徙族群的王权统治和在地化文化建构，展现了其国际视野和东方气度。

第三节　正义与公共福利：公共设施原型

本书关涉公元前 6000 年至公元 1440 年各个域文化中的公共设施文本。

作为居住四种原型之一的公共设施，是公共居住，体现了正当性的秩序及其类型（常规和法律），强调特定共同体的共在以及公共福利。

公共设施暗示特定时空的特定拥有者正当性的基础，这种基础包括传统、信仰及成文规定，其建筑形式既是各个域文化建筑旧习俗的集中表达，也是新习俗形成的开端，它的意象指向其共同体关系及其结合体关系。公共设施的存在是经由法律促进自由、平等和安全的同时，对公共福利的一种促进。

公共设施以特定族群的公共生活为基础，关涉特定共同体的价值理性和目的理性。它的存在基于法律正义性的认可，正义本身强调"他人的利益"，公共设施就是旨在实现正义的法律制度在自由、平等和安全方面试图创设的切实可行的综合体的一部分。

公共设施的发生

公共设施的发生期，约略相当于史前时期和中国的夏、商、周时期，公共设施在此阶段表现为物质实在层的定向与认同。这个时期，早期族群由于追逐食物和其他生资而大量、频繁地迁徙，族群及族群以外共同体间的关系经由公共设施的定向和认同得以巩固和发展。

人类公共设施的环境定向时期，约略相当于中国仰韶文化时期。在这个阶段，人类历史上最初的公共设施物质实在层开始立足于世。

A. 中国此期的公共设施原型，尚待考古发掘。

HA. 克诺索斯的宫殿，平面布局相当杂乱，以一个 60m×29m 的长方形院子为中心，还有许多采光通风的小天井，一般是每个小天井周围的房间自成一组。大多数是一、二层的，局部到四层。由于造在丘陵上，宫殿里地势高度相差很大，内部遍设楼梯和台阶。底层有一百多间房。该宫殿大院子西侧是仪典性部分。第二层的正中有一个大厅，它前面是轴线严正的内部空间序列，通过楼梯，轴线下到底层，经门庭出去，对着宫殿大门。大院子的东侧是生活用房，没有轴线。当时的人们已经很理解沿轴线纵深布局的特殊艺术意义。

可能是由于大规模的水利建设的演练，古埃及的几何学、测量学在人类早期就达到了相当高的水平，创造了起重机运输机械，能组织几百万人的工程运作，这为金字塔的出现提供了可能。中国人治理黄河，尽管获得了与埃及人相似的经验，却没有发展起相似的科学，在此后和此前相当长的时间内都表现出对科学的冷漠。

公元前四千纪，古埃及人已经会用正投射绘制建筑物的立面图和平面图。新王国时期有相当准确的建筑图样遗留下来，会用比尺，会画总图和楼房立面图。在总图里，他们把立面画在平面的位置上。

埃及人认为人死后灵魂不灭，只要保住尸体，3000年后就会在极乐世界复活永生，因此特别重视建筑陵墓。基于这样的启示而确立的自然法，是为了保障来世的福利和秩序，公元前四千纪模仿上埃及住宅的台型贵族墓，是有收分的长方形台子，在一端入台。

在古埃及，成熟的宫殿是艺术的殿堂，优秀的艺术家是这些艺术文本的创造者，殿堂因获得王者的认同而成为艺术流俗的原型文本。宫殿木材大量从叙利亚运来，皇帝与其配偶的圆雕装饰着整个宫殿，公共设施的基础性进一步强调了皇宫的私密居所性质以及强制性，即社会中特定的强力人物或人格体的命令、指示或强制性的行动。

在迈锡尼与梯林斯，建筑装饰在构思上与米诺斯相关联，与中国文明也有相同之处：不直接阐明建筑使用意义而采用伪装方式。亚加亚人雇用克里特艺术家，但是他们却着迷于逻辑，其创造具有秩序性，这也决定了其装饰及设计的方向：将空间作妥善的组织，使复杂的结构清晰。

狮子是迈锡尼人的皇室象征，就像赫梯人的老鹰一样；柱子是老年男性阳物的象征。这是因为狮子、鹰、柱子都可隐喻人们希望达到或社会安排中规定的一些价值或利益，比如自由、尊严，即善。

在房屋规划上，以平面几何来设计，具有严密逻辑性，所有建筑呈轴线排列。这是亚加亚人、特洛伊人、赫梯人分享的习俗。亚加亚人的城堡主体为一个大厅，这也是上古希腊房屋的标准配备。国王实际居住的有巨柱廊的正厅，以规模及秩序性暗示着居住者的威严。

迈锡尼的设计观照安全考虑的目的理性，强调阶级组织的价值理性。诺赛斯与梯林斯建筑者各具不同的指向——引发情感、诉诸理性，因为他们具有不同的宇宙观：前者崇拜土地母神的特质；后者崇拜天神的特质，因而努力去了解天神的动机。这显示了一个重点：男性与女性柱各代表游牧者及农人的生活态度。

持续悠久的圆柱式柱廊，与特洛伊及梯林斯门廊有渊源。

公共设施的环境认同时期，约略相当于中国新石器时代的龙山文化时期至夏商周时期。在这个阶段，公共设施的物质实在层情景图式进一步丰富与完善，为其形式符号层的定向奠定了基础。

这个时期中国的公共设施尚待考古发掘。

A. 中国在这一时期，每个地方的共同体都有一位或多位二元体的神祇，尤其是社稷，它承担社（沃土之神）与稷（收获之神）的二重功能，目的在于导引伦理与强调惩罚，体现了中国古代法律对其内因和外因的强调。对祖先神灵的祭拜是此时的社会行为之一，观照了人类的共性；体现共同体关系的另一种方式是对信仰中实在或定在的乡土守护神（他/她也许是自然信仰形式下一种半物质性的巫术力量或实体）的敬意表达，因此此时必定有与之匹配的公共设施，比如天坛或地坛/土地庙、娘娘庙之类的建筑物存在。而且从后世的遗存推测，这种祭奠之坛尽管有其本土特质，也应该与小亚细亚、中亚细亚的高台建筑有一定渊源。

EA. 克里特岛克诺索斯宫殿的大门平面呈横向的"工"字形，在中央的横墙上开门洞，有时在前面设一对柱子，夹在两侧墙头之间。这种大门型制是爱琴文化各地通用的，后来被古希腊建筑吸收。

公元前 8 世纪起，很多小国在巴尔干半岛，小亚细亚西岸和爱琴海的岛屿上建立，它们向外移民，又在意大利、西西里和黑海沿岸建立许多国家，它们之间的政治、经济、文化联系十分密切，总称古代希腊，是欧洲文化的摇篮，它的一些建筑型制，石质梁柱结构构件和组合的特定艺术形式、建筑物和建筑群设计的一些艺术原则，贯彻欧洲 2000 多年的建筑史，并深刻地影响到全人类的建筑，尤其是其纪念性建筑和建筑群设计的完美艺术形式。由此可见，壮观而华美，是建筑文本制造的永恒价值目标。

图 1-5　连通本质主义与建构主义之桥①

中国人口众多，且以农业为主要经济支柱，生活资源相对匮乏。在 21 世纪以前，公共设施不发达，尽管广阔的疆域和集权制、工官制②使中国在逻辑上可能产生并且需要罗马那种大型的公共建

---

① 图片由陈祖亮先生提供。

② 潘谷西主编：《中国建筑史》，中国建筑工业出版社 2009 年版，第 19 页。工官是城市建筑和建筑营造的具体掌管者和实施者，制约或规范着古代建筑行为，是在物理形式与心理形式上对中国古代中央集权与官本位体制的观照。工官集制定法令法规、规划设计、征集工匠、采办材料、组织于一身，实施一系列管理。工官制至迟起于周，一直沿用到 21 世纪。

筑物或宗教建筑，但却历史地缺失了。

10世纪以后，中国各地尤其是南方的城市普遍兴起，以手工业工匠、商人为主体的市民群体却并未争取到城市独立，因为几乎所有的中国城市都是不同的行政、立法和司法的所在地，属于特定时空统一中央集权的强制。建筑尽管有细节上的更新，却缺乏结构上的改进。建筑活动的规模没有扩大，技术停滞不前，这种停滞关涉特定的美学教育、美学判断与美学传播，因此形成不同关注重心的偏移，比如缺乏对美学判断的关注、对愉悦的关注、对雕像的关注以及对想象力的关注。建筑活动，在中国农业社会常由社会底层的成员来完成，而他们大多凭借本能而不是才能在进行A态制造而不是创造，他们进行经验主义的操作并在适当的时机将个体的生存经验移情于建筑之上，尤其是对欲望比如情欲的表达。直到1928年，在中国中部武汉这类经济相对发达的地区，要完成一个异文化的建筑作品都不是一件易事。

明代，由于对传统建筑文本形式符号层的满足，在众多大型公共新建筑建造时再次进行原型选择，没有独立于农业之外的城市自由建筑业工匠。明初建筑中人力、物力的经济功能并没得到显著发挥，标志性建筑的政治意味依然浓厚，虽然包括佛教、道教、伊斯兰教等在内的官方宗教建筑仍然强调与各级官式建筑融合，是市镇中重要的纪念性建筑物，代表当时建筑的最高成就，但是当时各种类型的城市公共建筑物，例如商务性会馆也日益增多，其重要性与日俱增。城市市民只是农业政权的附庸。中国市民文化并未真正脱离农业文化，这种混合物与宗教文化交融，进一步模糊了各个亚文化的边界，并显性地表现在建筑尤其是宗教建筑上。

一般而言，如果一个族群在一个地域的某个时段处于主导地位，那么这个地域在这个时段的建筑风格就是这个族群的建筑风格。中国这个阶段缺少强势异文化族群的迁入，因此建筑风格仍保持早期的型制。在一个特定的社会框架中，基本权利（比如个人自由）和国家安全的顺序会根据社会状况进行调整。

FA. 犹大王亚哈斯上大马士革迎接亚述王，在大马士革看见一座坛，就照坛的规模样式做法画了图样，送到祭司乌利亚那里，乌利亚照着图样在王从大马士革回来之前，建筑一座坛。王从大马士革回来看见坛，就近前来，在坛上献祭，将平安祭牲的血洒在坛上。王吩咐乌利亚说，国内民众的祭都要烧在大坛上，乌利亚就照办了。亚哈斯又因亚述王的缘故将耶和华殿为安息日所盖的廊子和王从外入殿的廊子挪移围绕耶和华的殿。①

AE. 亚述王从巴比伦、古他、亚瓦、哈马和西法瓦音迁移人来，安置在撒马利亚的城邑，代替以色列人，他们就得了撒马利亚，住在其中。他们刚住那里的时候，不敬耶和华，所以狮子咬死了一些人。亚述王就吩咐说："教掠来的祭司回去一个，使他住在那里，将那地之神的规矩执教那些民。"然而，合族之人在所住的城里，各为自己制造神像，安置在撒马利亚人所造的丘坛（塔庙或塔院）的殿中，巴比伦人造疏割比讷像，古他人造匿甲像，哈马人造亚示玛像，西法瓦音人用火焚烧儿女，献给西法瓦音的神亚得米勒，他们又惧怕耶和华，又侍奉自己的神，从何邦迁移就随何邦的风俗。他们至今仍照先前的风俗去行，不专心敬畏耶和华。他们仍照先前的风俗去行，如此这些民又惧怕耶和华又侍奉他们的偶像，他们的子子孙孙也都照样行，效法他们的祖宗，直到今日。②

公共设施的发展

人类的公共设施情境层次阶段，约略相当于中国的春秋至唐朝末年，这个阶段在完善物质实在的基础上强调公共设施的形式符号层，形式符号层往往观照迁徙族群和原住民的价值理性。

公共设施的情境定向阶段，约略相当于春秋至汉代。

GA. 希腊的守护神或自然神的圣地与氏族、贵族的卫城判然有别。节庆在有些圣地里定期举行，人们从各个城邦汇集而来，举行体育、戏剧、诗歌、演说等比赛，商贩云集，于是在圣地周围先

---

① 《圣经》，香港圣经协会翻译，香港汉语圣经协会有限公司2004年版，第630、633—634页。

② 《圣经》，香港圣经协会翻译，香港汉语圣经协会有限公司2004年版，第630、633—634页。

后建起了竞技场、旅舍、会堂、敞廊等公共建筑物。在圣地最突出的地方建造了整个建筑群的中心——神殿，它们是公众鉴赏的中心和欢聚的场所，既包含了卫城的种种习俗，又开创了庙宇的新型制，也基于对自然主义之法遵的从而得到文化的繁荣，这种繁荣反哺了法律文化和民主氛围——雅典人对神的爱不是一种普遍的、一般的崇拜之情，而是在表达对人的生命的热爱和对理性的忠诚。

古希腊亚克波利斯城坐落在俯瞰雅典的一片广大平坦的岩块上，是保卫雅典城的堡垒。在希腊人建造的公共建筑物中，该城的神殿最著名，其中有希腊最著名的神庙帕特农神庙、艾瑞克德恩神庙。著名的希腊剧场狄奥尼索斯剧场就在此神殿的外围。

AG. 希腊的帕特农神庙作为中国道教建筑显性选择的文本原型在此时早已建成，代表着人类建筑的最高成就。它的成就归功于在卡里拉提斯的辅助下，伊克蒂诺与斐狄亚斯的合作，斐狄亚斯是希腊最伟大的雕刻家之一。此时出现的具有男性化气质的多利亚式柱（由艾利斯的里朋设计）的作用早在奥林匹亚已发挥到极致，而位于雅典的赫菲斯托姆又有建树；但帕特农神庙的建筑师则让前两者黯然失色。不同的柱式在雅典相互混合，指向早已进入爱琴海各岛及艾奥尼亚定居的亚加亚人与爱琴海地区原住民的混居。

多利亚式与艾奥尼亚式的相互交流使建筑师解决了设计难题。本土多利建筑之中从未出现过正面具有八根圆柱的设计在艾奥尼亚被反复援引：在帕特农神庙中宽度的增加以便容纳比在奥林匹亚的宙斯神殿更巨大的黄金象牙雕像（雅典娜雕像）。不过宙斯神殿的比例仍保留在帕特农神庙有着 8m×17m 围柱排列的圆柱廊上的标准。除了门廊与石室、接待室与内室之外，它还需要一个特别空间作为宝库——这个建筑物就成为"帕特农"。室内留有一些空间，以便再添加居间提供屋顶支持的围柱。在空间局限的宝库中，由于多利亚柱子会占用大部分地板的面积，较为纤细的艾奥尼亚式圆柱因此被援引。

斐狄亚斯著名的檐壁属于艾奥尼亚式的，与外侧道远廊上传统多利亚式方形间壁的故事浮雕区形成对比，斐狄亚斯在檐壁的设计上减少了以前的比例，使这种为不对称平衡的设计产生流动感。

雕像及建筑物都是以白色大理石构成，在西部则加上丰富的色彩——这是惯例，神殿尤其以其复杂的视觉修正设计而著名：方法都是别的地方曾经用过的，但精巧手艺明显强调了艾奥尼亚对于视觉意义的传递。

公共设施的情境认同阶段，约略相当于中国的唐朝，这个阶段在完善物质实在层的基础上进一步强调形式符号层。

这个时期尽管柱式已经相当完善，但古希腊建筑类型少、型制很简单、结构比较幼稚、发展速度缓慢。不过其艺术的完美正得益于此：在几个世纪的长时段中，在型制和形式大致相同的建筑物上，反复推敲琢磨，终于达到了精细入微的程度。这种文化发生的规律同样体现在武当道教建筑和中国帝制之上。

与当今武当山等宗教圣地一样，古希腊各圣地间竞争激烈，极力招徕香客、游客，以有利于本城邦的手工业和商业的发展，因此其建筑群品质的高等成了吸引来访者的重要筹码，并由此形成优质圣地建筑群落，以增加社会的公共福利。

此期埃及的纪念性建筑进一步强调其意象世界层和意境超验层的定向与认同。这些纪念性建筑的物质实在层多以石头来表达。中国为什么不能呢？石头是古埃及主要的自然资源。中国也盛产各种石材，早期中国人的生产工具、日用家具、器皿、装饰品等都用石头制成，但回避用石头做永久性建材。这与毅力和智力的欠缺有关吗？原因之一可能是，这种习俗源自于其与建筑相关的历史记忆。与文本接受和文本生成最直接相关的除了共同体的族群，还有关涉显性知识与隐性知识的在我化：我们能创造何种物质实在层和形式符号层的文本，取决于我们特定气质对物理环境、异质文化的在我化过程。单是建材、自然、经济或市场出现并没有赋予以个人消费它的必然。在任何给定的社会结构中，考虑到占主导地位的个体关联、群体法律、设备和经济安排，个人在可供选择的自然资源、商品堆中拥有支配选择的权利，但占有并消费这些资源最终决定于对这些资源价值的自我认同程度。

作为关涉两河中游和下游尤其是来自于约旦河谷的具有生存经验的中国部分先民，包括黄帝、炎帝，夏朝、商朝、周朝的先祖，他们中的一部分人是来自中国史前的，比如犹太人的迁徙族群，在这些先民的社会历史和文化心理中，建筑文化匮乏并且受到轻视；他们中的另一部分人，比如来自两河流域等欧亚草原上的游牧民族迁徙族群，则由于其历史记忆或集体无意识中对石头等永久性建筑材料的缺失以及两河流域早熟的建筑传统（因为在那些区域缺乏良好的石材，而且石质的居所也与游牧生活不匹配），为中国建筑定下了主流基调。

FA. 拜占庭是一个强盛的大帝国，版图包括叙利亚、巴勒斯坦、小亚细亚、巴尔干、埃及、北非和意大利，还有一些地中海地区的岛屿，但是 1453 年被土耳其人灭亡。在其前期，皇权强大，政教会是皇帝的附庸。拜占庭文化适应皇宫、贵族和经济发达的城市的要求，世俗性很强，因此大量的古代希腊、罗马文化被保留和继承下来，由于地理位置的关系，它涵盖了波斯、两河流域、叙利亚和阿尔及利亚等地的文化成就，并在罗马遗产和东方建筑丰富的经验上形成了独特的建筑体系。

4 世纪至 6 世纪，是拜占庭建筑最繁荣的时期。罗马皇帝君士坦丁在东西罗马分裂之前动用全国之力建设君士坦丁堡，为此专门培养了好几批建筑师，建造了城墙、道路、宫殿、大跑马场、巴西利卡和基督教堂。6 世纪中叶，帝国极盛，建造了一些庞大的纪念性建筑物。从 7 世纪起，建筑日渐式微。但是巴尔干、小亚细亚的建筑型制和风格却趋向统一。同时，阿尔美尼亚、格鲁吉亚、俄罗斯、保加利亚和塞尔维亚的建筑日益兴盛，在拜占庭的深远影响下形成了各自的特点。

AF. 拜占庭建筑的空间成就是创造了把穹顶支承在四个或更多的独立支柱上的结构方法和相应的集中式建筑型制。这种型制主要在教堂建筑中发展成熟。

在罗马帝国末期，东西罗马都流行巴西利卡式基督教堂，而按照当地传统，为一些宗教信徒建造集中式的纪念物，大多用拱顶，规模不大。但是 5 世纪至 6 世纪，东正教不像天主教那样重视圣坛上的神秘仪式，而是宣扬信徒之间的亲密一致，集中式型制的教堂逐渐增多。这一时期，拜占庭帝国的文化中古典因素还很强，很快发现了集中式建筑物的宏伟纪念性。强大的帝国需要纪念性建筑物，于是建造了壮丽的集中式正教教堂，以后在整个流行正教的地区如东欧，教堂的基本型制就是集中式的。只有叙利亚，还流行巴西利卡式教堂。拜占庭集中式教堂成了该帝国国家治理机制中自然主义法和实证主义法以及专制型权威的永恒纪念碑。

集中式教堂的决定性因素是穹顶。拜占庭的穹顶技术和集中式型制是在波斯和西亚的经验上发展起来的。水平切口所余下的四个角上的球面三角形部分，称为帆拱。帆拱、鼓座、穹顶，这一套拜占庭的结构方式和艺术形成，以后在欧洲广泛流行。拜占庭建筑的装饰与其材料技术等因素密切关联。拜占庭中心地区的主要建材是砖头，砌在厚厚的灰浆层上。有些墙用罗马混凝土。为减轻重量，常用空陶罐砌筑拱顶或穹顶，因此，无论内部或外部，穹顶或墙垣，都需要大面积的装饰，以此形成了拜占庭装饰的基本特点。

内部装饰是墙面上贴彩色大理石板，拱券和穹顶表面不便于贴大理石板，就用马赛克或粉画。不很重要的教堂，墙面抹灰，作粉画。马赛克和粉画的题材都是宗教性的。这样的选材体现了对公共福利（人与神之间）的观照，这种公共福利表明了一种外部界限，在神所分配和行使个人权利时绝不可以超越这一界限，以免人类因为对神的亵渎遭受严重迫害。但随后在重要的皇家教堂里，皇帝的事迹画甚至占据着重要位置。这种安排表明，在个人权利和社会福利之间创设了一种适当的平衡，这也是有关正义（与专制型权威有关）的主要考虑之一，特别是在涉及自由、平等和安全时。此后中国道观壁画在道观情境定向期大面积装饰壁画的习俗开始出现并流行全国，武当山道观壁画观照了拜占庭的传统，实证主义之法观照了自然主义之法。

由于大面积的摩画和粉画的装饰，拜占庭教堂内部色彩富丽，这显然同波斯和两河流域的传统有关。拜占庭教堂的发券、拱脚、穹顶底脚、柱头、檐口和其他承重或者转折部位用石头砌筑，在它们上面做雕刻装饰，题材以几何图案或者程式化的植物为主。雕饰手法的特点是：保持构建原来的几何形状，而且用三角截面的凹槽和钻孔来突出图案。这种做法来自阿尔美尼亚。同内部富丽精致相反，教堂的外观很粗糙。用不同颜色的砖砌成交替的水平条纹，掺一些简单的石质线脚。在阿尔美尼亚的影响下，有一些小雕饰。11世纪后，受到了伊斯兰建筑的影响，外墙面上的砌工和装饰才精致了一些。拜占庭教堂的习俗表达了一种拜占庭式的秩序：他们的正义要求，在赋予其族类以自由、平等和安全的同时应当在最大程度上与公共福利相一致。

此时中国的建筑基本完成了在地化过程，已经有了自己的特质，其符号之一为大屋顶。

公共设施的成熟

公共设施的意境层次阶段，约略相当于中国唐朝末年至明初。这一时期公共设施的文本生成在前两个层次的基础上强调意象世界层的构建，它是公共设施更为高级的层次。成熟的公共设施拥有相对稳定的边界，这种边界往往为强势族群的迁徙所打破。

公共设施的意境定向时期，希腊的圣地建筑群发展到直觉阶段，追求同自然环境的协调，不局限于平整对称，乐于利用各种复杂地形，构成活泼多变的建筑景色，而由庙宇统率全局。它们既观照了远观的外部形象，又观照了内部各部分的感观。德尔菲的阿波罗圣地顺应地势，修建了曲折道路，沿路布置许多小建筑物，组成多变的情景图式。

资本主义自14世纪开始在意大利一些地区萌芽，流布整个欧洲，古典文化开始在文学、艺术、建筑等领域复苏，柱式、山花等建筑习俗重新被强调。

空间文本重新讲究比例关系，重视建筑各部门之间的比例，尤以人体的比例关系为最美。

新知识分子、艺术家、建筑师、科学家在此时加入空间文本的创造（而在中国，建筑队伍结构的这种转变直到20世纪晚期由于高等教育的大众化才渐次开始）。文艺复兴风格的建筑尤以佛罗伦萨、罗马、威尼斯三地的成就最高、最有代表性，建筑意象指向人类心灵的解放，许多知名建筑还将缘于柱式中的均衡比例关系运用到城市规划上。图拉真广场就是此期的典范。由于图拉真广场的建筑师是一位叙利亚人，东方的建筑传统被带到了广场的整体规划中，尤其是轴线对称。之所以出现图拉真广场这样的建筑创造，是因为拥有充分资源的业主基于国际视野而给予国际一流设计师自由创造的权利，而获得自由权利则是人性中最根深蒂固的意向之一，也是人类法律文明进步的根本条件之一。德国过去的几个世纪中，在自由和安全特别是国家安全之间维持着一种较为严格的平衡，但古代中国却将国家安全放在首位。

公共设施的意境认同时期强调公共设施意境超验层的营造。

在平民取得胜利的共和制城邦里，古希腊的氏族部落被地域部落取代，民间的守护神崇拜就代替了祖先崇拜，守护神的祭坛代替了正室里的火塘。氏族领袖退出历史舞台和卫城，卫城转变为守护神的圣地，而守护神的老家，民间的自然神圣地也发达起来，一些圣地的重要性超过了旧卫城。

AF. 在武当道教建筑肇始时，牛津的学院建筑已经确立并引人注目，它们出自石匠大师之手，包括当时一些首屈一指的名家都直接在赞助者的委托下负责建造工程。建筑物常以赞助者的名字命名，以确保施工品质，并借此永垂不朽。不同于牛津城中半木造的建筑作品，这些学院建筑大多为石材建筑作品。新学院的建筑物确立了将礼拜堂和大厅衔接在一起的建筑手法，这种风格支配着稍后4个世纪的学院设计。

牛津学院建筑的发展关涉整个英国建筑风格的演变。欧里尔学院和大学学院是固守牛津建筑保守主义最常引用的两个代表，其建筑风格历经一个世纪后仍保留了牛津建筑与哥特式风格。

AG. 1419 年，伯鲁乃列斯基设计的佛罗伦萨育婴院是一座四合院，正面展开长券廊。券廊开间宽阔，连续券架在克林斯式的柱子上。第三层开着小小的窗子，墙面积很大，但线脚细巧，墙面平洁，檐口薄且轻，同连续券风格很协调，虚实对比很强烈。立面的构图明确简洁，比例匀称，尺度适宜。廊子的结构是拜占庭式的，逐间用穹顶覆盖，下面以帆拱承接。

伯鲁乃列斯基的巴齐礼拜堂的正立面柱廊与开间，中央一间宽5.3m，发一个大券，把柱廊分为两半。这种突出中央的做法，在古典建筑中只见于罗马东部行省，而在文艺复兴建筑中则比较流行。

16 世纪上半叶意大利衰落（经济、政治地位丧失），罗马城却因教廷从法国迁回而恢复了政治地位，并且由于全欧经济的发展而繁荣起来。15 世纪先进城市里培养出来的人文主义者、艺术家、建筑师纷纷迁徙罗马，罗马成了新文化中心，文艺复兴运动达到了盛期。罗马柱式被更广泛、更严格地应用（因为一些知识分子对古罗马文化的爱，反封建、反宗教的动因，爱国激情，维特鲁维作品的推动），建筑追求雄伟、刚强、纪念碑式的风格，轴线构图、集中式构图，经常被用来塑造庄严肃穆的建筑形象。在运用柱式、推敲平面、构思形式时指向意象世界层。它们教诲传播者与接受者，世界是怎样被治理和如何被统治的。而且建筑师和规划师总是由于理性和智慧将事实上属于他们自己的名誉赋予了国家治理的主导者。

GA. 纪念性风格的典型代表是罗马的坦比哀多，设计者为伯拉孟特（Donato Bramante，1444—1514）。坦比哀多是一座集中式的圆形建筑物，神堂外墙直径 6.1m，连穹顶上的十字架在内，总高度为 14.7m，有地下墓室。集中式的形体、饱满的穹顶、圆柱形的神堂和鼓座，使它的体积感很强，完全不同于 15 世纪上半叶佛罗伦萨的建筑。建筑物虽小，但是有层次，有几种几何体的变化，虚实对比，构图丰富。环廊上的柱子，经过鼓座上壁柱的接应，同穹顶的肋相首尾，从下而上浑然完整。它的体积感、完整性和它的多立克柱式，使它十分雄健刚劲。这座建筑物的形式，特别是以高举鼓座之上的穹顶统率整体的集中式型制，在西欧是前所未有的大幅度创新，关涉定在。

伯拉孟特的坦比哀多是人类建筑技艺的顶峰作品之一。而整个宏伟的建筑技术事业若要成功，它所需要的就远远不只是一种科学仪器和物资设备以及设计天才——它对活着的人的社会文化和伦理文化提出了如此之大的要求，除非它们的精神和道德给它以全力援助。

第四节　正义与安全：住宅原型

本书指涉的住宅时空范围包括公元前 6000 年至公元 1440 年之间各个域文化所在区域。

住宅原则上属于私密居住，借由赋予主观意义的个体行动构建，它通过某种特定的有意味的形式集中表达了物理环境和心理环境的存在，不论这种符号是外显的、内隐的，容忍默认或不作为。住宅的空间现象取决于创造者的构思能力，构思能力仰赖创造者的空间体验。居住是人的特性之一，体现其自由、平等以及安全欲求，建筑和拥有住宅是人的生存权的内容之一。住宅之于安全的重要性在于，它保存了人类个体的物质和心理的稳定性，有助于尽可能持久地和稳定地使人享有其他价值，比如生命、财产、自由和平等价值等。因此我们认为，住宅表达人的安全感，正如霍布斯所言，"人的安全乃是至高无上的法律"。

人类住宅的基本原型是风土建筑，是人居空间的基础和主流，是相对稳定的文本。这种稳定性的原因之一是业主经济能力有限，不足以支付变更与增进自己居所（尽管他/她可能在心理上渴求拥有更新、更优越的居所）；其次是心理因素，狭隘的视野使其无法看到或对新的建筑文本表示认同。它关涉地方气候、物产、风俗习惯。然而更关键的因素是法律体系。贵族府邸与皇宫是私密居住的高级与特殊表达。贵族府邸的布局是古代世界重要的纪念性建筑物、皇宫、陵墓、神庙等布局的原型，它们奠基于生命的基本欲望，即人性。早在上古与新石器时代晚期、青铜时代早期，贵州府邸的配置已相当发达，而且不少国家的法律限制平民采取宫殿型制生成民宅。

早期宫殿和贵族府邸相差不大，随后宫殿同祭祀建筑结合，但还没有严整布局，后来的宫殿不仅有明显的纵轴线和纵深布局，还有次轴线，布局十分整饰，其型制最终从贵族府邸分化出来。这种分化，是建筑形式的演进，也是皇帝崇拜的演化。

古王国时期，埃及由金字塔来象征皇帝的神性，皇帝被认为是

56

自然神；中央集权制帝国确立后，皇帝成为统治一切众神之神的化身，有一整套完备的宗教仪典来崇敬他，为他创造神庙并引起宫殿建筑的变化——追求威严。

对两河流域和波斯的生活世界而言，其建筑大体可分为三个部分：两河下游的、上游的和伊朗高原的。这些地区同周围地区的文化交流频繁，它的建筑观照外来的影响，并用外地的工匠建造宫殿。

住宅的意象与意境的表达，还取决于作为家庭共同体的收益、种族、社会地位等永久性特征，以及特定家庭的收入、财富、消费关系及其相关价值取向，甚至代与代之间的资本约束。在本书的分析里，假设所有家庭都有拥有相同的住宅和购置不动产的内在倾向，且经验研究证明，特定时空的家庭对住宅的投资保持在不变水平，或者随着收入的增加而增加。

住宅是族群中个体的避难所，其样态关涉族群的价值理性和目的理性。空间想象表达构思能力。特殊的住宅为宗教建筑，是人为了与神博弈而筑给神的住所，也表达了对自然法价值的强调。

住宅的发生

住宅的发生时期相当于中国旧石器时代与新石器时代。

各个域文化根据自己的物理条件、民俗心理配置建筑，应对环境；同时个体在建构自己的私密居住时所遵循的肯定或否定评价，基于个体对照其他的欲望后某些欲望的展布，以及其所处共同体给予个体寻求实现他们愿望的方式。住宅文本所重点强调的是何种习俗，主要取决于哪些欲望在建筑物主导者身上所占的主导地位，即主要取决于所谓气质（temperament）。一旦行动者的主观意义关涉他人的行为并被共时与历时地重复，就称其为习俗。我们认为私密住宅的发生建立在这样的预设之上：

1. 力图保护人的生命和肢体；
2. 预防家庭关系遭到来自外部的摧毁性破坏；
3. 保存有价物。

住宅的环境定向时期出现了人类的空间文本。

AE. 这种最初的私密居所可能来自物理环境中自在的天然避

57

难所，比如山洞，这些自在的空间往往因为拥有与之匹配的优良视野（河流、丛林、湖、海或山岳、草原）便于猎获生资与防护而被认同并选择居住，它们在 W 尺度上强调了人类个体或群体居所的存在（在世上）。

在同一风土境域，不同个体往往选择不同的自在空间作为避难所，这种不同的取向除了受制于个体的物理环境，还与个体的偏好相关。

EA. "智人"也源于非洲，后来迁居到世界其他地方，大约 4 万年前到达欧洲，他们主要居住在山洞里。海德堡人大约在 50 万年前出现，他们被迫学会了适应迅速变化的气候，拥有比较聪明的大脑，能发明更好的工具。早期智能人留下的有价值的东西是岩洞里的壁画，世界各地都发现过这样的壁画。在法国肖威窟发现的壁画可以追溯到 3.2 万年前，这些绘有壁画的山洞可能是举行过某种特殊仪式的场所，也可能是某位画者的私密居所。

在住宅的环境认同阶段，传统习俗被进一步强调。

FA. 在古埃及，由于当地气候炎热，住宅布局追求遮阴和通风。这里的初级住宅以木材为墙基，上面造木构架，以芦苇束编墙，外面抹泥或不抹。屋顶也由芦苇束密排而成，微呈拱形，在下埃及比较多见。上埃及以卵石为墙基，用土坯砌墙，密排圆木成屋顶，再铺上一层泥土，外形像一座有收分的长方形土台，它们都是金字塔的原型。住宅一般采用内院式，主要房间朝北，前面房间有敞廊，房顶是平的，大小房间有高低差，开侧窗透风。房间分男女两组，朝院子开窗，外墙基本不开窗，力求和街道隔离。主要房间和院子同在住宅的纵轴线上。底层阶级的住宅几千年如一。他们甚至没有能力复制旧有模式、功能。上层阶级（他们可能是世袭了家族的社会资源或由于对社会的突出贡献而受到社会嘉奖）的府邸的布局是古埃及当然也是古中国重要的纪念性建筑物——皇帝祀庙和神庙的布局蓝本，它们的型制很发达。

在东方，早期的宫殿和府邸相差不大，并往往与神庙、家庙相结合，体现了一种建立在相对公平之上的治安秩序。这些宫殿的在场，强迫居住者戒除暴力，把争议提交神灵。在人类早期，法律和宗教区别不大。人们在神所立法和司法，宗教仪式见诸立法和司法的形式中，宗教义务往往成为道德的基础。

AF. 公元前四千纪起，两河中下游大量使用土坯。一般的房屋在土坯墙头排树干，铺芦苇，再拍上一层土。因为木质低劣，房屋很窄而长向发展。由于内部空间不发达，加之气候炎热，房屋重视内院。而两河中下游缺乏良好的木材和石材，人们用黏土和芦苇建房，有些用乱石垫基。两河流域下游古代建筑对以后影响最大的是它的饰面技术和相应的艺术传统。尽管是特定域文化的物质条件限制了人们的建筑行为，比如取材，而人们对环境的认识也会限制其对材料的利用。

乡土建筑的出现在 WXY 尺度上强调了前后、左右和上下的三维文本情景图式。

作为私密居住，宫殿和府邸在这一时期相差不大。

两河流域中下游住宅的房间从四面以长边对着院子，主要卧室朝北，因为当地夏季蒸热而冬季温和。有一间或几间浴室，用砖铺地，设下水道。这种型制一直持续到公元前 6 世纪。

中国此阶段的代表性民居尚待考古发掘。

GA. 公元前三千纪中叶，两河流域下游的奥贝德的一座庙宇即神的私密居所，融合了各种装饰手法和题材。墙脚上等距离地砌着凸出体，表面由陶钉的玫瑰形底面组成红、白、黑三色的图案。木胎、外包铜皮的雄牛像安置在墙脚之上一排小小的浅龛里，浅龛之上有三道横装饰带，下面一道嵌着铜质牛像，上面两道在沥青底子上用贝壳贴成牛、鸟、人物和神像等。门廊有一对石柱和一对木柱，木柱外包一层铜皮，石柱上镶着红宝石和贝壳。门口左右一对狮子（狮子作为迁徙族群在地化文化构建的符号之一，被突出表现在包括道教和佛教建筑在内的亚洲重要建筑中），木胎铜皮，眼珠用彩色石子镶嵌。这座神庙体现了两河下游居民在植被稀少、一片灰黄的自然环境中对色彩的强烈爱好，这个传统历经几千年而不衰，而对于圣所建筑浓重的渲染，从手法和题材上反复强调了反映神意的自然法和根据人类理性可以辨识的自然法。

AG. 在广阔的伊斯兰世界，较大的住宅因对伊斯兰教戒律的观照而明显地区分为妇女活动部分（包括家务工作室等）和男子活动部分（包括客厅和作坊等）。妇女活动室一般在楼上且封闭，窗子和阳台用密密的格栅遮挡以不让外人看到妇女。这种格栅历时与共时之后成为伊斯兰传统住宅重要的装饰品。显而易见，伊斯兰人强烈倾向于把其作为道德律法的伊斯兰教教义这种所谓的自然之法局限在一些首要原则和基本要求之内，比如男女活动空间。而且，经由这些空间，法律及社会倾向在构建、维持、增强和延续父权制中的强制与引导作用清晰可见。

由于夏季炎热，这些地区大型住宅分夏天和冬天使用房间，各自朝向不同；院落较小以避免烈日直射，在主要房间前面有一间作为活动区、向内院敞开的大厅，常包括两层楼房，以便通风遮阴。这种大厅是纪念性建筑中正面反复强调的凹龛伊旺的原型。底层多用砖石墙，上层用木框架，平屋顶常见于中亚、伊朗和埃及等地，一部分设阳台。门窗扇和竹子作纤细的雕饰，墙上和窗子也有石膏石透雕，都用阿拉伯图案。在中亚和阿塞拜疆，木雕柱子是住宅大厅最重要的装饰物，曾被土耳其等地广泛援引。

能证明中国在这方面成就的资料几乎空缺，直到西周初年，两河流域、爱琴文明的典型东方方院住宅，才以成熟的形式开始在中国当时的政治、经济中心区域出现，并具备典型的在地化特征。

住宅的发展

住宅的情境阶段，约略相当于中国的新石器时代。中国住宅在此阶段表现为形式符号层的确立。这一阶段，世界各地的住宅在上个层次的基础上一再强调显性经验，进一步延续习俗，并根据技术和经验的积累创造新形式，出现新配置，府邸、宫殿因具备完整的物质实在层与形式符号层而成为特定时空私密居住的代表。住宅的发展指向族群内在的稳定性和外在的变更性。

住宅的情境定向阶段，大规模的族群迁徙因为战争、贸易、文化交流得到极大加强，住宅型制受多种显性知识和隐性知识的影响而不断完善其物质实在层与形式符号层。

A. 特定集团中的某个成员在营造自己的私密居所时，尽管不一定认识所有成员，但他会懂得使用这一集团的公共核心建筑传统并在自己的建筑文本中加以强调，这些传统使该集团的个体有一种归属感。

AF. 公元前三千纪，两河流域下游，住宅和宫殿一般用土坯砌墙，墙体厚重，宫殿通常有串联的或并联的三个院子（一个是居住部分、一个是行政部分、一个是服役部分），神堂院子成为该阶段的新配置而时常出现在宫殿空间。平面布局从缺乏构思到逐步追求对称和整齐并渐次加强大殿、圣堂的权重。居民把宗教活动看成神圣的法律命令的一部分，违反者将受到神的诅咒和惩罚性报复。同时，它也产生了哈特所言的法律责任以引导人们即使在没有强制力约束时仍自觉遵守法律（神谕）。公元前 3000 年，基什（Kish）宫殿和玛尔（Mar）宫殿都表现为相当复杂的建筑群。这种客观知识一直保持到公元前 6 世纪，并进一步被巴比伦城的宫殿和庙宇所强调。

GA. 两河流域下游早在公元前 4000 年就出现了对后世影响巨大的饰面技术和相应的艺术传统，一些重要建筑物的重要部分，趁土坯还湿软时钉入陶钉，涂成红、白、黑三种颜色，模仿日常使用的芦苇排成编制纹样。

AE. 埃及新王国时期，新首都阿玛纳的贵族府邸，一般占地 70m×70m，分三部分。中央是主人居住部分，以一间内部有柱子的大厅为中心，其余房间围着它，向它开门。更大一些的府邸，西面还有一间有柱子大厅。主人居住部分的侧后方是家务奴隶的住房和畜棚、谷仓、浴室、厕所、厨房等勤杂房屋。它们的地面比主人居住部分低 1m 左右，以居所海拔的高低象征社会地位的高下，体现了律法强调秩序的人为的一面。第三部分是北面的大院子，种着瓜菜、果树，或者辟有鱼池。这时的宫殿整饰壮丽，已开始同太阳神殿相结合，物化了人为之法与神法的共在关系。

GA. 大约在公元前三千纪，两河下游在生产砖的过程中发明了琉璃，色泽美丽，防水性能良好，而且无需像石片和贝壳那样完全靠自然界采集，琉璃因此逐渐风靡两河下游，并被两河上游和伊朗高原所援引。土坯墙的保护、建筑物的彩色饰面因为琉璃而前进一步。

新习俗在文化交流频繁的区域总会不断被创造出来并流传开去，因为个体所遵循的评价（肯定或否定）基于个体某些欲望（对照其他的欲望）的展现，某些基本的欲望在各个区域的人类主体上是共在的。有些愿望，比如对新居所的创造并拥有的愿望表现，深受公众许可的影响。习俗和律法不是不可改变的神授命令，而是一种完全由人类创造出来的东西，为了生活世界的便利而制定，并且可以经由意志随意更改。

在住宅的情境认同阶段，开始观照人类整个住宅样态。

AG. 埃及新王时期出现三层楼的府邸，木构架，柱子富有雕饰，有把整个柱子雕成一茎纸草样子的。墙垣以土坯为主。平屋顶，上面是晒台，夜间可以纳凉。公元前四千纪起，两河流域中下游大量使用土坯，但在宫殿庙宇等重要建筑物的墙上，用土坯砌垂直的凸出体，方的或半圆的，模仿芦苇束编的墙。半圆体不适合土坯砌筑工艺，不久就被淘汰掉了。方的凸出体却作为加强墙垣的措施而长期保留了下来，同在萨卡拉所见的埃及早期陵墓的墙垣十分相像。

GA. 公元前二千纪之初，小亚细亚的喜特人（Hittites）消灭巴比伦帝国，造成了两河下游几百年的混乱。这些武力迁徙的族群带来了自己的建筑技术：在土坯墙下部砌厚厚一段大石基墙。浮雕雕刻在这段墙基的石材上，以一个接一个排成长长行列的人物形象作为浮雕的题材。亚述人继承了这个做法，却用侧立的石板做墙裙以便更有利于雕饰，在构图上援引了喜特人的传统。喜特人的历史记忆和文化通过这种外显的重复，表现了为异质族群所共有的一种典型的形似的主观意义。就建筑文化生成而言，他们都是正义的，他们基于自己的人性和生活便利而增加了社会利益。秩序、习俗与安全的关系由此变得十分明显。按照规则、先例以及有结构的程序等方式来实施法律，给予了社会生活以一定程度的确定性和连续性。①

---

① ［美］E. 博登海默：《法理学—法哲学及其方法》，邓正来、姬敬武译，华夏出版社 1987 年版，第 290 页。

住宅的成熟

人类住宅的意境层次阶段，约略相当于中国的夏朝末年至明初。

作为一种社会行动取向的私密建筑的规律性，因为能满足人类最基本的对安全感的欲望、被承认的欲望和对新经验的欲望而有了更多的实际存在机会。

作为特定域文化的私密居住，各自强调先在的形式符号层。不同的住宅强调不同的域文化特质。对于域文化，加以分类是必要的，这种分类观照了部分与整体的关系，认识本体或本土文化在整体中所处的位置以及取舍标准以更利于生存，更能取悦于生命本质。最根本的，这一标准应能够给自己的基因在未来带来更好的物种。成熟的住宅往往在意象世界层和意境超验层观照异文化样态。族群、家庭、个体通过私密空间的拥有而获得利益，在使其更加巩固方面，住宅也执行着重要的安全职能。

意境层次住宅的定向时期，约略相当于中国的夏朝和周朝。

中国这个时期的代表性住宅尚待考古发现。

埃及的宫殿在这一阶段仍是木构的，墙用砖砌。墙面抹一层胶泥砂浆，再抹一层石膏，然后作壁画，题材主要是植物和飞禽。天花、地面、柱子上也都有画，非常华丽。宫殿里处处陈列着皇帝和他妻子的圆雕，这是陵墓前皇帝雕像的原型，也是古埃及用巨大雕像装饰纪念性建筑习俗的原型。

公元前9世纪至公元前7世纪是底格里斯河上游的亚述的极盛时期，公元前8世纪，亚述统一了西亚，征服了埃及，财富与奴隶大量聚集，对外贸易有了极大的发展，建立了政教合一的君主制，建造规模大于以前任何一个西亚国家，有的山岳台高达60m。亚述帝国的建筑除了当地的石建筑传统，又大量援引两河下游的经验。迁徙使族群与原住民之间形成了新的异质的公共体、共同体关系，使之建筑社会行动的志向建立在创造者主观感受到的互相隶属性，不论是关涉隐性知识的情感性的还是关涉显性知识的传统性的。

FA. 萨艮二世王宫位于都城夏鲁金（Dur Sharrukin）西北角的

卫城里，建在高 18m 的大部分由人工砌筑的土台上，土台附有台阶和可供车马上下的坡道。宫殿占地约 17 公顷，前半部在城内，后半部凸出在城外，可能是为了防御城内的居民和城外的敌人；另一种可能是，有意对规整矩形边界的超越。萨艮二世王宫有 210 个房间围绕着 30 个方院，整个宫殿重重设防，从南面有碉楼夹峙的大门进入一个面积为 92m×92m 的如瓮城的大院子，四面设防，东面是行政部分，西边是几座庙宇，皇帝的正殿和后宫在北边，它们的东面有第二座大院子。王宫是一座城堡。它的墙是土坯的，厚 3~8m，有的大厅宽达 10m，房屋可能以拱为顶。墙下部大约 1.1m 高的一段用石块砌成，重要地方外侧再用石板贴墙裙，一般的贴砖和琉璃砖，作为重点装饰部位的石板墙裙多作浮雕。萨艮二世王宫的大门采用两河下游的典型式样且更加隆重，有 4 座方形碉楼夹着 3 个拱门，墙上贴满琉璃，石板墙裙高 3m，上作浮雕，在门洞口的两侧和碉楼的转角处，石板上雕人首翼牛像。通过喜特人和腓尼基人传来的人首翼牛像是亚述常用的装饰题材，象征睿智和健壮，可能和埃及的狮身人面像有渊源。另一种可能是，基于集体无意识，特定域文化内的社会共同体将两个融合的族群或区域的保护神或图腾以及诸如此类隐性知识通过特定的形式符号层（狮身人面、人面翼牛、鹿角鸟、美人鱼等）显性化，以此指向特定的意象世界层和意境超验层。宫殿西部庙宇和山岳台共在，强调了建筑行动者对天、地、人、神共在的观照，是宇宙秩序的物化和强调，也是宫殿这种王者住宅价值理性的物质实在表征，因为王者不仅要观照家人的安全，而且要设计国民的福利，国民的福利要求有秩序确保诸如维生手段、生儿育女、住房等基本需要得以满足。这种福利是在一种具有合理程度的一般安全的、和平有序的基础上加以实现的，而这种安全与和平有序是需要王者与神祇协商解决的事务。这里的台属于两河下游式样，4 层，基底约 43 平方米。最上面一层刷成白色，代表太阳；第二层刷成蓝色，代表天堂；第三层刷成红色，代表人世；第四层也是最下面一层刷成黑色，代表阴间。顶上建神堂。波斯人拜火教教徒的神坛空间文本传递了这一显性知识。这是一种以人为视角的对宇宙秩序的具象阐释和传播，以此表明：

作为个体的人是一切事物的尺度。

最纯粹的高台建筑是最早见于两河流域的山岳台。高台在之后成为重要建筑最常见的配置，广泛分布于整个亚洲以及埃及等地，包括美洲。作为重要建筑基础的高台最初出现可能有两个原因：首先是为了防水、防御，其次是为了增加立面的构图效果以及建筑的体量。当出现在具有客观山岳台知识的两河流域时，尤其可能是通过这一形式符号层指向意象世界层：神圣、崇高而且强调历史。两河流域相对超前的建筑技术和广泛的文化交流与族群迁徙，一定会影响到或近或远的、建筑技术后发达地区，比如中国，且因这些地区的封闭性而得以长期保留。

AF. 架空的竹木"干栏"式建筑出现在中国南方，以适应炎热潮湿的气候；轻木骨架覆以毛毡的毡包式居室是北方游牧民族的建筑传统，以便于迁徙；在黄土崖挖出横穴作居室即窑洞，是黄河中上游民居的常见方式；土墙平顶或土坯拱顶房屋是新疆维吾尔族、两河流域、尼罗河流域干旱少雨地区的民居；原木垒墙的"井干"式建筑是东北、西南大森林中的民居形式。而使用木构架承重是中国大部分地区以及爱琴文明、两河流域、尼罗河流域和恒河印度河流域民居的最基本习俗，我国的成熟的木构架建筑结构体系主要有穿斗式和抬梁式。

中国南北建筑在形体上各有不同的习俗：北方建筑物的墙体较厚，屋面多用土加石灰做成保温层以抵御寒冷的气候，并同时考虑雪负载，因此椽檩枋的用料粗大，建筑外观雄浑凝重；南方房屋的建筑首先考虑通风、遮阳与防雨，墙体较薄，屋面较轻，出檐较大，用料较细，以应对南方炎热多雨的气候，建筑外观轻巧。

意境层次住宅的认同时期，相当于中国春秋至明代。

在埃及阿玛纳的几所宫殿中，不仅可以见到明确的纵轴线和纵深布局，其中一所，除了南北向的纵轴之外，左右还有一对对称的次轴。这所宫殿里有一间 130m×75m 的大殿，内布 30 列柱子，每列 17 根，显然是为重要的仪典而设置，也是对自然和社会秩序的模塑。另一所占地面积为 112m×142m，纵轴的尽端是皇帝的宝座。神殿在第一进院子的北侧。公元前三千纪起，两河中下游的宫殿和庙宇的大门形成一种直觉关系：一对上面有雉堞的方形碉楼夹着拱门。拱门门道两侧有埋伏兵士的龛。这种门为西亚大型建筑物普遍采用，并且传到古埃及。

公元前 8 世纪中叶，伊朗高原上一些族群强盛起来，公元前 613 年灭亚述。公元前 550 年，伊朗民族之一的波斯人占领了原亚述领地，建立波斯帝国，然后陆续吞并小亚细亚、新巴比伦、叙利亚，公元前 525 年征服埃及，公元前 330 年，被马其顿的亚历山大占领。波斯人注重国际贸易，露天设祭表达对火的敬意。波斯人信奉拜火教，其族群迁徙所至，都建造露天高台，印度北部古代重镇塔克西拉至今留存着这种遗迹，除了物质实在层因当地的物理因素而出现在地化倾向，形式符号层几乎采用波斯本土原型。波斯帝国建筑包容了所征服疆域各种显性建筑知识，并借由自己的主观知识，凭借从希腊、埃及和叙利亚迁徙而至的匠师之手得以再现。武力迁徙族群颠覆了在地居民的宗教建筑律法，这种社会行为表明，法律的命令是人任意制定的，它们随着经济、政治和社会情况的变化而变化。

FA. 帕赛玻里斯（Persepolis，前 518 年—前 448 年）是大流士首都的仪典中心，基座是依山而筑的精致方石平台，台前沿高约 12m，面积 450m×300m，宫殿分北部两个仪典性大殿、东南的财库、西南的后宫三部分，以三门厅连接三个区。宫殿的总入口大宫门面向正西，位于西北角。两座正方形的仪典性大殿援引了米地亚（Media）人的历史记忆，与埃及神庙可能有一定的承继关系，前面是朝觐殿，后面是百柱殿。朝觐殿四角有塔楼。塔楼之间是进深为两跨的柱廊，比大殿矮一半。大殿在它之上开侧高窗。朝觐殿墙体是厚 5.6m 的土坯墙，贴黑、白两色大理石和琉璃砖，琉璃砖上作人物题材的彩色浮雕，一些木柱被漆成红、蓝、白三色图案，大殿的廊柱是深灰色大理石的。百柱殿柱子的柱础是高覆钟形，刻着花瓣，覆钟上是半圆线脚，柱身有 40~48 个凹槽。柱头由覆钟、仰钵、几对竖着的涡卷和一对背对背跪着的雄牛组成，雕刻精细。柱头高度几乎占整个柱子高度的 2/5。鲜艳的彩色琉璃砖是对巴比伦技艺的强调，而以对背对背跪着的雄牛做柱头，选择了亚述人客

66

观知识做原型。这种柱头成为经典，在波斯人族群迁移之处被反复援引和强调。它的后宫是由埃及迁移来的族群建造，完全选择埃及式样。

AG. 西班牙格兰纳达的阿尔罕布拉宫（Alhanbra，13—14 世纪）是伊斯兰世界中保存得比较好的一所宫殿，位于地势险要的小山上，有一圈长 3500m 的红石围墙，宫殿偏于北边，它以两个互相垂直的长方形院子为中心。南北向的是石榴院（36m×23m），以朝觐仪式为主，比较肃穆。东西向的是狮子院（28m×16m），比较奢华，是后妃们的住所。南北两端有纤细的券廊。北端券廊的后面是正殿。正殿连墙厚在内大约 18m，高大约 18m。廊子里和正殿里的墙面满满覆盖图案，以蓝色为主，间杂金、黄、红色，模仿伊朗的玻璃贴面。院子中央有长方形水池。石榴院之西有清真寺，之东有浴室。狮子院有一圈柱廊，在北、东两端，各形成一个凸出的厦子。装饰纤细的、精巧的券廊。从山上引来的泉水分成几路，经过各个卧室，降低炎夏的蒸热度，然后在院子中央汇成小池。池周栏板上雕着 12 头雄狮，院子因此而得名。

阿尔罕布拉宫绝大部分为平房，用木框架和灰土夯筑而成。两个主要院子的柱子是大理石的，它们上面是东方伊斯兰式的木头发券。券之上的壁面镶着用石膏板制成的装饰，题材是几何纹样和阿拉伯文字，有色彩。凡石膏块的拼接处都涂深蓝色，以遮掩缝隙。表面涂一层蛋清作为防水剂。

阿尔罕布拉宫是族群迁徙及在地化文化创造的典范。尽管在 Z 四维尺度上观照了原住民建筑文化和迁徙族群的历史记忆，但它更倾向于再现阿拉伯本土宫殿习俗，指向创造者对历史记忆中客观经验的把握。

该时期的建筑师大多工匠出身，他们承袭工匠的习俗并超越和创新。在西亚，则有更多父子相传的建筑师，使建筑习俗在族群迁徙中的传播成为可能；在希腊、罗马，卓越的建筑师常成为精神或世俗领袖及上流社会的朋友，他们是人类建筑最高智慧的创造者、引导者，他们开启影响一个世纪甚至若干世纪、整个人类建筑史的建筑新纪元。

尽管中国也很早形成了中央集权的皇帝专制制度，却没有发达而稳定的宗教为这种政权服务，没有强大而稳定的祭司阶层，因此缺乏独立的指向精神向度的纪念性建筑物，少有追求震慑人心的艺术力量。

第二章　实证主义法学与秩序的需要：
二维创造、选择文本
——三大宗教建筑

选择文本（B）是创新力较高的文本生成形式，也是人类文明史的主要内容，体现在大多数人类的创造活动之中，尤其是作为空间文本的建筑。选择文本既复制了传统，又通过作者的自主选择重新组合获得新文本，是以理性进行比较、选取及分析而再生的过程，它体现了习俗的前后继承一维关系（W）和左右对比二维形态（X），包括个体行为和社会行动，它借由主体意义表达了目的理性、价值理性、情感、传统，强调其中的某一方面或某些方面，并且受到法律的强制或引导。

而人类建筑史上的三大宗教建筑作为可能被选择的原型，无论自身的创新力如何，相对于武当道教建筑的生成而言都是选择文本。在法律实证主义的研究范式下，法律最重要的特征是这样一个事实，即法律被社会中某些人深谋远虑并推出——"安置"，这些人拥有权位，并提出供法律效力和权威的惟一来源①，法律是秩序的需要。

超越原型文本生成阶段进入比较、判断的生成阶段，是选择文本出现的标志。这种更能体现作者自在生命形式的文本的出现，伴随着个体在新的被赋予含义的领域或场所的体验和需求。经过比较选定的文本不仅包容了创造者与历史的在 W 尺度上的前后承接的关系，而且包容了创造者在 X 尺度上对可选择原型的左右对比关

①　《法理学》（英），张万洪、郭漪译，武汉大学出版社 2003 年版，第65 页。

系，观照了主客观的关系。B 态的文本可能来自于本族群的习俗，也可能来自于异族群的经验。

文本的理想形式随着越来越严格的要求而发展起来，这是走向完美的关键。根据具体的、历史的个人现在和定在需要，而对长期有效的习俗进行取舍是文本选择和选择文本 B 的精髓。

根据给定的被赋予了生态学上的或者历史学意义的特定景域与场所，文本创造者通过选择再现客观存在的特定文本，强调创造者和接受者的传统赋予这种文本的意义。将道观作为研究对象时，强调场所论有陷入视野狭隘的地域主义民族主义中的危险。选择文本 B 则在某种程度上又增强了这种危险性。场所的历史意义时常影响空间文本创造者，比如道教建筑者在道教建筑建造时模式选择的取向，一些具有微地形且蕴藏着潜力的场所，就是在局部产生建筑差异的原因。同时任何同质配置的异质对接或任何同质原型的异时空再现，都会产生新的意象和意境。

伴随着四种居住原型发育成熟，农业社会同时成就了宗教建筑作为某个给定共同体成员向给定的历史存在表达敬意的场所和载体，在历时之后，这种建筑又成为纪念性的表达形式。从几何学上看，宗教性建筑属于公共设施，是公共居住。

三大宗教建筑的特质对应不同的域文化；三大宗教建筑的型制受制于各族群显性建筑文本与隐性民俗心理。本章将对它们的各个层体进行历史地理方法、法理学和人类文化学式的指涉。

对于武当道教建筑的生成，三大选择文本包括伊斯兰教建筑、基督教建筑和佛教建筑（非中国的）。它们的样态既观照了本来主义和建构主义的主旨，又受制于各域文化的自然法和实证主义法律。三大宗教建筑的发展形态浓缩了族群迁徙的物理形态。它们启示武当道教主体建筑尤其是其铜殿的生成，借此表明：秩序是建立在强者对弱者持有先天优势的基础上，即“强权即公理”。因为在该场所，皇帝成了道的生成者、传播者和接受者，正义（道）首先是对该场所的占有者等强者有利。

第一节　有序模式的普遍性要素：伊斯兰教建筑

本书所指的伊斯兰教建筑在时空上包括公元 660 年至公元 1440 年的伊斯兰教域文化区域内的相关空间文本。

作为武当道教建筑的可能选择文本之一，中世纪阿拉伯国家和其他伊斯兰教国家的宗教建筑的物质实在层和形式符号层已经完成了定向和认同，伊朗和中亚以及稍后在它们影响下的印度斯坦的伊斯兰建筑，已经从物理空间进入心理空间。

7 世纪中叶，阿拉伯人占领了广大地区，其领地上的居民普遍皈依伊斯兰教。该教教规严苛（这正是各地清真寺风格一致的原因），关涉生活各个层面，族群随武力所到之处，各地文化和风尚习俗趋同。服务于伊斯兰世界的法律，尤其是这个阶段实际的法律乃是握权在手的伊斯兰人为了促进他们的自身利益而制定。而正义者，比如伊斯兰圣殿的建筑师和建筑工人们，就是把守法当成无条件的义务（无论其内容是什么）的人。尽管伊斯兰人统治的地域到 15 世纪末锐减，其在地化文化却继续发展。伊斯兰教世界建筑物类型众多，商馆、旅驿、市场、商业街道和公共浴室等世俗建筑发达，宗教建筑物和宫殿代表当时建筑的最高成就。其型制被建筑者们认为是体现了真主的意志，符合秩序的要求。

伊斯兰教世界的宗教建筑——清真寺与其世俗住宅的型制大致相似；倾向于满铺的表面装饰，题材和手法一样；普遍使用富有装饰性的拱券结构。

伊斯兰教建筑同时观照了佛教建筑与基督教建筑，并强调了自己特定的价值取向。它承载的教义和仪式作为实证主义法律中习惯法和管理的重要内容而存在着，并与无政府状态和专制政治敌对，一面设定私人和私人团体的行为范围，防止或反对相互侵犯、过分妨碍他人的自由或所有权的行使和社会冲突。努力限制与约束政府官员的权力，防止或救济对应予保障的私人权益领域的不恰当侵损。①

伊斯兰教建筑的发生

伊斯兰教建筑的环境层次阶段，伊斯兰宗教建筑强调物理关系，即物质实在层的定向和认同。

伊斯兰教建筑的环境认同时期，是清真寺物质实在层在世上表达存在的时期。这个时期的建筑主要表现为西亚（及埃及）早期的清真寺，从两河流域经北非到比利牛斯半岛，清真寺的主要型制是巴西里卡式。

FB. 作为游牧民族的阿拉伯人，在向外武力迁徙时首先占领叙利亚并将第一个王朝建都大马士革。由于自身建筑传统的缺失，阿拉伯人认同并利用原住民的巴西里卡式的基督教堂做清真寺，表现了这一迁徙族群对客观知识的明智认同和广泛比较后的理性选择，并因此使其在地化宗教建筑拥有很高的起点。迁徙族群与原住民先在与定在的共同体关系，使之建筑这一社会行动的志向建立在参与者主观感受到的情感性或传统性的互相隶属之上，增加了新帝国的社会福利并强调了其秩序。

EB. 西欧的基督教堂圣坛在东端，以强调信徒做礼拜时面向耶路撒冷。尽管耶路撒冷不在叙利亚的东方，圣坛向东的传统却保持在叙利亚的基督教堂里。

GB. 阿拉伯人继承西欧基督教堂的观念，要求做礼拜时面向位于南方的圣地麦加，麦加位于叙利亚之南，因此现成的巴西里卡被横向使用。在给定的空间文本中重新选择了使用方法与之相匹配，从另一个意义上完成了伊斯兰教建筑的早期认同，确立了早期清真寺的边界和领域，获得了新意象。横向使用现成的巴西里卡被一再重复，沿袭成俗，尽管各地的结构方式不同，平面也有变化，但大殿的进深小而面阔大则是其基本传统。大殿的院子是东方传统的方院，宽敞，三面围着两三间进深的廊子。大殿和廊子都向院子

---

① ［美］E. 博登海默：《法理学—法哲学及其方法》，邓正来、姬敬武译，华夏出版社 1987 年版，第 224 页。

敞开，院中有洗礼池或洗礼堂，多为穹顶覆盖的集中式建筑物。这种型制也是在 WX 尺度上对叙利亚传统教堂客观经验的强调与创新。

BE. 耶路撒冷的圣石殿是此时的一个代表性文本。在小亚细亚、西亚以及巴勒斯坦和叙利亚，穹顶建筑物自古罗马时兴起，拜占庭帝国对其进一步发展而日渐饱满，作为纪念性建筑的主要部分。阿拉伯人也采用此型制在耶路撒冷建立圣石殿以纪念穆罕默德。这也是对人类社会治理范式的强调。

伊斯兰教建筑的环境定向阶段，在几何形态上进一步强调该文本的宗教特质。

GB. 8 世纪后，伊斯兰教建筑在原来的东西向用发券连接，南北向架着木屋顶的大殿的柱列之上，开始出现平行的几条筒形拱顶。结构和空间分划都是东西走向，圣龛却在南墙正中，同宗教仪式相矛盾。

任何习俗形式都产生于特定时空的特定需求，在其出现之初有充分的合理性，有些人和事会在新习俗产生中起关键作用。尤其是各种形式的族群迁徙及其文化在地化，是民俗变迁的底流。以基本元素的变革为出发点，强势在地化文化具有颠覆原住民传统的能量。

我们假设：文化和技术会自动地由优胜者传递给非优胜者，迁徙族群和原住民文化之间的关系取决于"学习"的程度。世代之间文化的变动性（正价值的、负价值的）取决于对天资、显性知识的继承能力。如果所有建筑把关人都乐意靠储蓄及借贷来筹措对建筑的最佳投资，那么，世代之间建筑的变动性程度在实质上就等于对天资和文化的继承能力。①

GB. 大马士革大清真寺是早期最大的清真寺，其场所是古罗马晚期基督教堂的基址。这个大建筑群面积为 385m×305m。墙里附一圈柱廊。清真寺在院子的正中，面积为 157.5m×100m，四合

① ［美］加里·斯坦利·贝克尔：《家庭论》，王献生、王宇译，商务印书馆 1998 年版，第 282 页。

院，四角有方塔，大殿靠南，圣龛前开辟成一个独立的空间，形成了纵向的轴线，显然在尝试克服空间分化和仪式的冲突，是迁徙族群历史记忆与原住民文化的相互观照。11 世纪时又在纵线的正中间加一个拜占庭的穹顶。这所清真寺后来成了各地清真寺的蓝本，它的有序关系被引入私人与公共群体的交往之中，以及政府工作之中，因为它包含着一种允许、命令、禁止或调整人的行为与行动的概括性声明或指令。所以这种空间文本与规范之间的关系是明晰的：功能空间规定了社会成员的行为内容，人们借此行为以获得基本人权。

伊斯兰教建筑的发展

伊斯兰教建筑的第二个发展阶段，在 WX 的尺度上强调情境的创造，专注于确立和完善其形式符号层。

以二维生成（X）为背景的情境创造进一步强调了使用关系，这种使用关系指涉以两河流域为基础的西方生活世界和以印度河流域为基础的东方生活世界。

在伊斯兰教建筑的情境认同阶段，公元 750 年阿拔斯王朝取代倭马亚王朝定都巴格达，波斯人在宫廷中的重要性日益显现，波斯历史记忆逐渐显性化，古波斯的建筑经验在清真寺型制中被援引。两河流域有部分清真寺汲取了古波斯方形厅习俗，纵横的柱子等距，不用发券或过梁连接，而把木制屋架直接架在柱头上。结构和内部空间没有走向，巴格达和它北面的萨马拉的大清真寺是这种型制的代表，这种型制随后成为当地的习俗。迁徙族群的强盛普遍抵制有关宗教建筑型制以及法律的形而上学的思索，并以实践理性证明，只有那些可以被理智的经验所验证的主张才是有意义的。

8 世纪中叶以后，是伊斯兰宗教建筑形式符号层的认同时期，它以集中式穹顶纪念性建筑物为代表。集中式的穹顶建筑物是叙利亚、伊朗等自古以来的建筑习俗，在拜占庭帝国时有所发展，阿拉伯人在耶路撒冷为纪念穆罕默德升天而造的圣石屋就采用了这种型制。

清真寺都有塔，顶上有小亭子，供阿訇们授时、召唤民众礼拜之用。初时在大殿前院落的一侧，大多是方形。清真寺外形简朴，一般不高，塔是它外部构图的重点，甚至成为一个境域垂直构图的重心，其形式因此备受重视而逐渐高大。起初尽管构图相对完整，但形象粗糙。8世纪中叶以后，两河流域的一些清真寺的塔，继承当地古代山岳台的做法。伊谢清真寺援引当地古代山岳台的做法，螺旋式的塔开始出现。

GB. 撒马拉大清真寺（848—852 年）的圆塔，盘旋五圈，高达 50m。形体雄浑，稳定而有向上动势，在形式符号和意象上指向山岳台。

FG. 券及穹顶的格式花式、大面积的表面图案是伊斯兰建筑装饰的重要特点。从叙利亚到比利尼斯，早期的清真寺还不做大面积的装饰。内部墙面强调拜占庭的建筑习俗，贴大理石板，彩画或灰塑作于局部的抹灰面上，彩色玻璃、马赛克开始出现，自由的题材涉及拜占庭文化、古希腊和古罗马，包括动植物的写实形象。随后由于伊斯兰教对反偶像崇拜的强调，动物形象被摒弃，植物形象因图案化而得以保存。两河流域的清真寺里的装饰在 8 世纪中叶以后，写实形象基本上为几何纹样所替代，阿拉伯文的古兰经被编进了图案，只有少量的程式化的植物形象点缀着，成为经典的阿拉伯图案。

GF. 伊斯兰教空间文本最常见的装饰习俗是在灰面上作粉画，纤细柔弱，色彩鲜艳；另外是在比较厚的灰浆层上趁湿模印图案；也有使用当地传统的琉璃砖作贴面。简单的图案式砌筑法在 8 世纪末开始出现。雕花的木板和大理石板被广泛采用，有时作透雕用在门窗上。由此可见，实证主义法律假借神所传播的神意即自然法，自然法成为如约翰·奥斯丁所说的"对某种行为或不行为具有普遍约束力的命令"。

GF. 伊斯兰教创始者穆罕默德出生于沙特阿拉伯的麦加城，并于公元 630 年在此建立麦加清真寺，此地成为伊斯兰教圣地。世界上主要的宗教都有圣地，它观照某位先知的出生地、圣者的安葬地或发生过奇迹的地方。朝圣者来此参加圣日宗教仪式，希冀自己的行为和预设得到神的认同与协助。麦加清真寺中间的广场面积为

164m×111m，圆柱环绕，外围 7 座高塔。广场中央有一间方形房子，里面有一边的墙有一块著名黑石，所有朝圣者都回绕圣堂走 7 圈，并亲吻黑石。

清真寺是波斯人建筑的新增长点，也是波斯人法律与强制、法律与规则以及法律与道德间关系的一个集中阐释。

伊斯兰教建筑的情境定向阶段，开始强调其意象世界层。

BG. 9 世纪中叶，北非突尼斯的盖拉温大清真寺、伊朗西部的苏萨大清真寺有了新型制，顺向柱列的清真寺开始定向。由于教仪不强调圣龛，横向的柱列仍被援引。埃及开罗的伊本·土伦清真寺特别强调横行走向。

BF. 伊朗早期伊斯兰教建筑达姆甘的清真寺是该国境内最古老的清真寺遗迹。外墙尺寸为 37m×47m，中庭平面尺寸为 24m×25m，三进拱廊的礼拜大厅朝向麦加。砖砌、抹灰，筒拱和交叉拱，原来的方形塔位于北侧，现在圆柱形塔为后世所建。该寺的平面布局援引中东地区传统习俗，体现特定风土特质。

天主教徒横扫收复地的伊斯兰文化。但是伊斯兰的建筑对西班牙建筑保持着强烈影响，因为它们的水平远远高于原住民的相关文本。原住民对迁徙族群在地化建筑文化的态度强调了文化创造者的实际操作和判断构成了建筑的实质要素。建筑规则的实质是被普遍接受的建筑行为标准。对于保存迁徙族群的在地化建筑，只有那些被理智的经验所验证的主张以及强权者的意志才是有意义的。

BA. 哥多瓦大清真寺，是伊斯兰世界最大的清真寺之一。它的型制来自叙利亚，不过大殿进深大于一般清真寺，院子则比较小。大殿东西长 136m，南北深 112m。18 排柱子走向圣龛，每排 36 根。柱间距不到 3m。柱子是罗马古典式的，高只有 3m，天花板高 9.8m，在柱头和天花板之间，重叠着两层发券。哥多瓦清真寺上下两层的发券，上层的略小于半圆，下层的是马蹄形的，都用白色石头和红砖交替砌成，是埃及和北非的典型做法。圣龛前面是国王做礼拜的地方，发券特别复杂，花瓣形的券重叠几层，装饰性很强。神龛的穹顶是用 8 个肋架券交叉架成。这种做法流行于西班牙和西西里岛，17 世纪时意大利又仿制这种做法。

伊斯兰教建筑的成熟

伊斯兰教建筑的意境层次阶段，以清真寺为主体的伊斯兰教建筑完成了物质实在层和形式符号层的定向与认同，在此阶段专注于超越物理时空进入心理时空的意象世界层和意境超验层的构建。

在伊斯兰教建筑的意境认同阶段，11世纪后伊朗高原当地传统的清真寺型制基本确立，这种型制具有高度的精确性、具体性和明确性，成为其宗教建筑习惯的一个组成部分：第一，宽敞的中央院落四周围以殿堂，保持横向的巴西里卡传统，面阔远大于进深；第二，柱网呈正方形的间，每间覆一个小穹顶；第三，为了追求纪念性的壮丽形象，清真寺采用集中式型制。

中亚人、伊朗人偏爱浓烈的色彩，可能是对荒芜自然景色的弥补，也可能是某种民俗心理，且多用华丽的壁毯和地毯，这种习俗投射于建筑，表现为对大面积彩色装饰的偏好，因此其建筑因能带来强烈的审美愉悦而被整个伊斯兰世界的纪念性建筑所推崇。伊斯兰教的戒律严禁写实形象，琉璃砖生产和施工工艺进一步回应了这一戒律，使阿拉伯图案（细密画）成为装饰母题和标志符号。这也是法律效力在建筑上的物化，它科以公民在特定建筑情形下为或不为一定建筑行为的义务，并授予规则如何被适当地产生、适用和改变的权力。

在伊斯兰教建筑的意境定向阶段，小亚细亚的族群迁徙频繁，受外来文化的影响很大，建筑多样化。11世纪至13世纪，此地的清真寺主要采用叙利亚式，由于冬天比较冷，礼拜大殿多不向院落敞开。承袭古代喜特人的习俗，一般房屋用木构架，木柱梁，乱石墙，用石板或大理石板贴墙面，重要的建筑物全用石材。

建筑物以土耳其清真寺为例。作为小亚细亚的原住民，土耳其人常用的圆锥形或角锥形顶子（可能受高加索迁徙族群的影响）用叠涩法砌成。这种顶子日渐为当地人所认同并终成土耳其清真寺光塔的典型符号。由于使用石板，浮雕成了重要的装饰因素。同时当地伊斯兰教什叶派的特殊教义强调雕饰题材对人物和动物的选择。雕饰集中在大门上，大面积满铺，拜占庭和中亚手法杂陈。

纪念性建筑在奥斯曼帝国之后放弃了小亚细亚传统，更多地选择中亚、伊朗和拜占庭的建筑习俗。

初期，清真寺是广厅式的，长宽约略相等，没有院落。划分为正方形的间，逐间覆以穹顶，这是对伊朗世俗空间文本的选择；14世纪中叶，发展了集中式的清真寺，与伊朗和中亚相仿，结构技术比伊朗和中亚的进步，墙垣比较薄。这种清真寺在建筑上同拜占庭正教教堂同属一个起源，当土耳其人征服拜占庭之后，他们选择正教教堂的文本为原型。

土耳其清真寺的重要特征还表现在细、高、没有收分、没有分节的以圆锥体结束的光塔，从一个到四个不等，偶尔有六个，它源于中亚和伊朗的清真寺四个外角上的塔。因为用集中式的形体而回避了四合院的大殿式型制，塔就独立了。也有对阿塞尔拜疆习俗的援引，如锥形的顶子或多瓣形塔身。而且，除了小亚细亚式的平雕石刻图案装饰外，也大量使用琉璃砖，以蓝色或绿色为主，有少量为深棕色、朱红色，还有西欧天主教堂的玻璃窗嵌画。

这一时期，埃及的伊斯兰建筑重现迁徙族群的历史记忆，表现为最大程度的认同并选择了中亚和伊朗的空间文本形式，以穹顶覆盖的集中式型制在陵墓和清真寺中流行起来。艺术处理的重点从内院转向外部，穹顶与渐渐变得瘦高的塔形成鲜明的对比。立面中间也用高大的凹廊。钟乳体普遍应用在一切凸出的部位。整个建筑物盖满装饰。

埃及人选择中亚和伊朗的建筑习俗的同时，也选择了自己建筑的客观知识，将两者匹配，形成新的建筑习俗。他们的集中式建筑物周围附建许多其他的厅堂，没有对称轴线；特别强调花式券，如马蹄形等；塔很华丽，被环绕的阳台分成几段，下面一段是方的，中央一段是八角的，最上面是圆的；它们以石头为主要材料，因此很少用琉璃贴面，而多用浅浮雕作大面积装饰，也偏好用白色石头和红砖交替砌成水平带。

埃及独有的装饰习俗在此阶段再次被强调：在石头上刻出凹槽，然后填入灰浆，或者用不同颜色的石片镶嵌，以白色为主。也在透雕的石膏石板的透空处镶彩色玻璃，观照欧洲哥特式花玻璃窗习俗。

15 世纪初，与武当山道教建筑约略同期出现的埃及苏丹巴库克的陵庙，是武当山道观的选择文本之一①。它属于马姆鲁克朝复合化伊斯兰教设施，是以陵墓为载体的宗教配置，以城外上层社会陵寝集中区域的一片平地为基址，以陵寝组合了清真寺、伊斯兰教修行者的活动及居住场所。建筑群以方形中庭为中心，三面布置拱廊，礼拜方向布置礼拜厅，厅中央开间的上部有穹顶，穹顶外表为山形连续纹样。厅两侧各有座墓室，墓室从底部的方形平面过渡到上面圆形穹顶，主要通过复杂的钟乳状悬垂拱来完成——这是埃及马姆鲁克朝伊斯兰教建筑的特征之一。而此时在伊朗，清真寺的平面典型格局为"中庭加四面壁式拱门"形式，例如属于中世纪后期伊斯兰教建筑风格的高哈尔沙德大清真寺，主要以砖构，拱及穹隆顶结构在主礼拜堂顶部，洋葱形大穹顶坐落在升起的圆柱形底座上。高哈尔的最著名之处为建筑装修：整个表面贴以青绿色调为主、色彩丰富的彩釉面砖，主要图案是植物纹样和几何形体，细腻明快。这些宗教建筑技术惯例，物化了它们与法律、政治意识形态、经济利益、社会阶级、道德等其他社会现象之间的联系，进一步强化了原有的社会秩序。

建于 1417 年的乌尔格贝克宗教学校，砖拱券，属于中亚中世纪伊斯兰教建筑，其基本布局是常见的中庭四周围绕两层学生宿舍的形式，建筑的墙面主要采用贴彩色面砖的方法进行装饰。而该项目的四塔门也在稍后时段内出现，其主要特征是塔门由四座墙簇拥中央穹顶构成，两侧立面四壁龛是拱门形式。四座塔的塔身比例粗壮，顶部为穹顶形状，外部贴淡绿色面砖。

西班牙清真寺的塔大多是方形的，赛维尔的吉拉尔达塔（Giralda，风信塔）高 83.8m，下面 56.4m 高的一段是方形的，每边

① 在欧洲的建筑历史上，每逢有重大建筑项目，包括国王在内的业主往往会召集全欧洲著名的设计师进行竞标，使世界范围内先在经典建筑文本成为其选择文本。朱棣作为明代天子在逻辑上完全具备了在世界范围或东方世界进行建筑设计招标的可能性。

长 13.7m。顶部在 1586 年照新的样式重建，并设了风信塔。

　　吉拉尔达塔塔度高大，门窗尺度正常，用马蹄券或花瓣券配着小巧阳台，墙面砌着薄薄的凸出的阿拉伯几何花纹，很细密。而且上部分划比下部细，尺度比下部小，装饰比下部多，这种手法在世界建筑中经常见到，比如古希腊的柱式和以后的向高处发展的建筑。它是一种有普遍意义的手法，因为向上生长的势态蕴含着蓬勃的生命力，而生命是令人愉悦的（生长着的树木花草，都是下粗上细，下重上轻，下质厚而上透漏）。建筑的审美意识重述了我们周围宏观世界极大的一致性和有机的模式。

　　西班牙的塔体现了在地化文化与原住民建筑文化的利益最大化，对欧洲各国文艺复兴时期一些塔的形式很有影响。

第二节　个人与社会生活中的秩序：基督教建筑

　　本书关涉的基督教建筑包括从公元 200 年至公元 1440 年之间世界范围之内的相关空间文本。

　　基督教教义本身就是一种辉煌的在地化文化，它得益于犹太教的西渐与在地化构建，其建筑是人类建筑最辉煌的种类之一，也是道教建筑，如武当道教建筑可能选择的重要文本之一，它影响了整个人类，其样态进一步强调了对人类显性知识与隐性知识、地方性与世界性、社会行动与个体行动的共在，个人与社会生活中的秩序。

　　公元 395 年，古罗马帝国分裂为东西两个帝国，东罗马帝国建都黑海口上的君士坦丁堡，后来得名为拜占庭帝国。西罗马帝国被一些当地比较落后的民族灭亡。欧洲封建制度的主要意识形态是基督教。东欧和西欧中世纪的历史迥异，它们的代表性建筑——天主教堂和正教堂在型制、结构和艺术上也不同，分为两大建筑体系，东欧发展了古罗马的穹顶结构和集中式型制，西欧发展了古罗马的拱顶结构和巴西里卡型制。基督教各期建筑型制的变更直接起因于族群间建筑文化的博弈与相互传播，以及与各自教义相关的确保重大社会进程得以平稳有序的教规和国家法律的变更。

基督教建筑的发生

在基督教建筑的环境层次阶段，4至6世纪是拜占庭帝国建筑繁荣期。封建前期，皇权强大，正教教会从属于皇权，拜占庭文化世俗性很强，被皇室、贵族和经济发达的城市所选择，强调古代希腊和罗马的文化。由于地理位置的关系、长期的族群迁徙以及文化交流，波斯、两河流域、叙利亚和阿尔美尼亚等地的文化被吸收，并体现在这一时期强调罗马遗产和东方丰厚经验的空间文本上。拜占庭建筑文本的主要成就是选择了穹顶和集中式型制，并在它的教堂建筑中创造了把穹顶支承在四个或者更多的独立支柱上的结构方法和相应的完善的集中式建筑型制。

在基督教建筑的环境认同阶段，基督教作为隐性知识从公元2世纪起开始在罗马帝国内传播，进一步强化了基于人性的种种自然法和个人生活中的秩序和理性。为淡化这一主观知识，皇帝建造大量庙宇以强调官方宗教力量。由于希腊宗教被罗马人普遍认同，他们的宗教建筑强调希腊相关经验，以矩形为主。与希腊宗教建筑不同，罗马强调建筑群中布局的正面性，以前廊式替代围廊式，很深的前廊强调了伊达拉里亚的习俗，有的深达3间，因为此时的宗教建筑已经不是作为景观的中心，而是立于市中心广场的一侧。围廊式的仍有存在，由柱廊形成的院落所环绕。

AF. 巴尔贝克（Baalbek）大庙建筑群建于公元1至3世纪，包括大庙、小庙（朱比特庙）和圆庙（维纳斯庙），是东方最大的矩形庙宇，在叙利亚境内。大庙前有106m×106m的方形院子、直径59m的六角形和12根柱子的门廊，与大庙形成有轴线的纵深布局，指向东方宗教建筑天与人共在的意象和意境，应该是腓尼基人援引了埃及建筑传统。大庙是双层围柱式，外层10×19柱，柱高198m，底径2.13m，用独石制成。三座庙宇装饰华丽，强调了西亚习俗。

FG. 万神庙初建于公元前27年，观照"所有的神"，并强调奥古斯都打败安东尼和克委帕特拉，由他的副手阿格里巴主持在罗马城内建造，本是一座强调前廊的长方形庙宇，被焚毁于公元80

年。在偏爱建筑设计的阿德良皇帝的观照下，以 Z 四维尺度进行 D 态创造。新万神庙为穹顶覆盖的集中型制，单一空间，罗马穹顶物质实在与形式符号由此确立，这种实在指向定在的情景图式。万神庙平面是圆形，穹顶（隐喻天宇）直径43.3m，顶高43.3m，中央开一直径8.9m的圆洞，成为超越物质实在层和形式符号层进入意境超验层的具象路径，穹顶外面附一层镀金铜瓦。

这一时期，东正教的穹顶和集中式型制确立。

在罗马帝国末期，东罗马和西罗马同时流行巴西里卡式基督教堂，而东罗马还选择本地传统，在为一些宗教圣徒建造纪念物时，强调集中式、拱顶。

在基督教建筑的环境定向阶段，君士坦丁皇帝于公元330年迁都拜占庭，改名为君士坦丁堡，东罗马以此为首都，即后来的拜占庭帝国。拜占庭帝国最强盛时，其版图包括巴尔干、小亚细亚、叙利亚、巴勒斯坦、埃及、北非和意大利，以及地中海的一些岛屿，手工业和商业比较发达，东方贸易一直达到波斯、亚美尼亚、印度和中国，它的建筑技术波及这些地区。在前期，拜占庭文化大量保留了古代希腊和罗马的文化，并汲取了迁徙之地波斯、两河流域、叙利亚和亚美尼亚等地的显性知识，它的建筑在反复观照罗马和东方客观经验的同时创造了自己新的形式符号层。

EB. 在罗马帝国末期，巴西里卡式教堂在东罗马和西罗马同时流行；并为一些信徒按照当地传统建造集中式纪念物，大多用穹顶，但规模不大。

BF. 5 至 6 世纪，由于东正教轻视圣坛上的神秘仪式，重视信徒之间的亲密一致，集中式型制教堂逐渐增多以扩大信徒聚会的空间。帝国文化中较强的古典因素使它在建筑正教教堂时特别强调壮丽的纪念性。这种习俗确立后，为整个流行正教的东欧地区的教堂文本所选择，只有西亚的叙利亚还坚守自己的习俗，流行巴西里卡式教堂。

这个时期，拜占庭的穹顶技术和集中式型制在波斯和西亚的经验上逐渐发展起来，集中式教堂的决定因素是穹顶。最初，萨珊王朝的波斯在古代两河流域拱券技术的基础上发展了穹顶。遍布波斯各地的火神庙，大多是一个正方形的间，上面筑一个穹顶，形成了集中式型制。

BG. 拜占庭建筑援引了巴勒斯坦的传统，根据自己的隐性知识进行重大创造，确立了新的形式符号层（在方形平面上使用穹顶）的恒定系数。帆拱、鼓座、穹顶等一整套拜占庭的符号在欧洲广泛流行。

当时中央的穹顶和它四面的筒形拱成等臂的十字教堂，即希腊十字式教堂，内部的中心在穹顶之下，东面虽然有三间圣堂，但不能成为建筑艺术的焦点，目的理性与价值理性错置。以穹顶覆盖的方形空间也常作为组合的单元而被援引在比如叙利亚的一些巴西利卡式教堂或街道上，它们的原型来源于更久远的历史记忆。

拜占庭建筑的最高代表是君士坦丁堡的圣索菲亚大教堂。圣索菲亚大教堂之后，各地教堂的规模都很小，但穹顶逐渐饱满，并借助鼓座得以强调，统率整体，形成垂直轴线，完成集中式构图。对这种建筑的历史与逻辑关系的普遍研究似乎可以表明：有序生活方式和技术手段要比杂乱生活方式和技术手段占优势。传统、习惯、业经确立的惯例、文化模式、社会规范和法律规范，都有将集体生活发展趋势控制在合理稳定的范围之内的重要作用。①

装饰关涉材料、技术。拜占庭中心地区的主要建筑材料是砖，砌在灰浆层上，或用罗马混凝土。为了减负常用空陶罐砌筑拱顶或穹顶，所以需要大面积装饰，并成为习俗。在内部墙面上贴彩色大理石石板，拱券上和穹顶表面用马赛克或粉画（宗教性题材），皇家教堂皇帝的事迹画占最重要位置。马赛克或粉画的富丽色彩，观照了对波斯和两河流域的相关显性经验，即由知识表达的对精美的手工技艺的珍视和对视觉结构的迷恋。

在建筑文化的进步中，结构方面的进步是轴心，集中式垂直构图的纪念性形象是通过特定结构技术来强调。拜占庭教堂在相当短的时间内，创造了卓越的建筑体系，是因为观照了古希腊和古罗马

---

① ［美］E. 博登海默：《法理学—法哲学及其方法》，邓正来、姬敬武译，华夏出版社1987年版，第214页。

的建筑习俗，选择了阿尔美尼亚、波斯、叙利亚、巴基斯坦、阿拉伯等国家和民族的显性经验，而这种选择首先是自然法（神的启示）与实证法（王法）同构的实证主义法律对国际视野内精华建筑原型的选择。人有两种基本欲望，第一是具有重复过去被认为是令人满意的经验和安排的先入为主倾向，第二是倾向于对一些情形做出逆反反应。人的两种基本欲望是法律演变的根本原因之一。而法律的秩序要素中还存在审美成分，它们常常物化于艺术匀称美和音乐节奏美之中。

基督教建筑的发展

基督教建筑的情境层次阶段，强调形式符号层的确立。

6 世纪以后，是西欧基督教建筑的第二个阶段，从修道院教堂到城市教堂，进一步观照了古罗马拱券结构和巴西里卡型制的相关显性知识。

在基督教建筑的情境认同阶段，因落后民族的大量迁徙而在479 年被灭掉的西罗马帝国，建筑活动开始消歇，新的封闭的领地式生活抛弃了古罗马的大型公共建筑物、宗教建筑物，相应的结构技术和艺术经验失传。

基督教在罗马晚期公开以后，建筑选择了巴西里卡型制。巴西里卡是长方形的大厅，纵向的几排柱子把它分为几个长条空间，中央比较宽，是中厅，两侧的窄一点，是侧廊。中厅比侧廊高，在两侧开高窗。大多数巴西里卡用木屋架，屋盖轻，所以支柱比较细，一般用的是柱式柱子。这种大容量、结构简单的形式符号层，传统上是聚会之所，被教会选中并成为习俗。

教会要求圣坛必须在教堂东端，大门因而朝西。随着信徒的增多，在巴西里卡之前增设一所内柱廊式院子，中央有洗礼池。门前的柱廊特别宽，以观照半信半疑的望道者。圣坛是半穹顶覆盖的半圆形，其前是唱诗班的席位即歌坛。

由于宗教仪式日趋复杂，人数增多，后来在祭坛之前增建了一道横向空间，大一点的也分中厅和侧廊，高度和宽度都同正厅的对应相等。十字形的平面出现了，竖道比横道长得多的，叫做拉丁十字式。它隐喻基督受难，满足仪式的需要，遂成天主教会最正统的教堂型制，流行于整个中世纪的西欧。这进一步说明马斯洛所说的，"我们社会的普遍成年者，一般都倾向于安全的、有序的、可预见的、合法的、有组织的世界；这个世界是他所能依赖的"，而实证法的外因正是以强制力为后盾的指令，它通过引起人们害怕受到制裁而服从法律、维护现存秩序。

初期基督教教堂型制成为其建筑文本的经典原型。西欧早期典型文本是罗马城里的圣约翰教堂（St. Giovanni in Laterano，313 年），另一个文本是罗马城外的圣保罗教堂（San Paolo Fuori Le Mura，386 年）。

在罗马和意大利曾出现 D 态创造的东方集中式教堂，但因不能吻合宗教仪式，渐变为教堂前的洗礼堂。

基督教建筑的情境定向阶段①，早期修道院教堂的形式符号层相当粗糙，以本笃会为大宗的教会，否定现实生活，认为追求感性美是一种罪孽，教堂不事装饰，不讲究比例，反对偶像崇拜。如哈特所说，这是基于它们的宗教教义——一种与教徒们渴望事物的和谐秩序比较吻合的自然法文本的追求。有关这种法律规范载明行为准则，教徒由此产生责任感，并基于义务而遵守法律。这是法律的内因。

十字军东征把拜占庭文化和阿拉伯文化带回欧洲，刷新了西欧

---

① 耶稣遇难后，其信徒逃亡西欧，犹太教因为耶稣的新阐释所产生的新教义开始西渐且进行在地化建构，并由隐性转入显性。《圣经》在公元 2 至 3 世纪开始形成。新的教义得以迅速形成并广泛传播，关涉迁徙族群和随后形成的《圣经》文本原型。犹太民族产生于族群迁徙，即亚伯拉罕举族迁徙至乌尔（今巴勒斯坦境内），随后因为自然或战争被迫或自愿地不断迁徙，最终成为世界性的迁徙族群。由犹太历史和与此关联的文学作品组合而成的《圣经》实属典型的移转文本，因吻合了广泛存在的犹太迁徙族群的历史记忆以及在地化的此在境遇而被普遍接受与传播。《圣经》的文本原型与随后的移转文本涵盖众多异文化，尤其是迁徙之地的文本原型（包括古希腊神话、伊斯兰教教义等），族群迁徙使这个民族在当时特定的时空范围之内拥有远较定居农业居民广阔得多的视野。

的建筑形式符号。

9 至 10 世纪，只有圣坛装饰华丽，象征彼岸世界。建造教堂都由圣坛所在的东端开始。而由世俗工匠建造的城市教堂强调感官之美，大型修道院建造因为不能回避世俗工匠的参加而逐步改观。

城市教堂指向此在并观照彼在，面向城市的教堂正面（西面）因而被强调，法国和德国的教堂在西面建造一对钟塔；这种塔的环境定向还可能基于叙利亚迁徙而至族群历史记忆的物化表征。莱茵河流域的城市教堂，两端都有一对塔，有些甚至在横厅和中厅的阴角也有塔。教堂里装饰逐渐增多，门窗处的线脚上先是刻几何纹样或者简单的植物形象，后来圣者像成为这一部位的装饰母题。有的教堂在大门发券之内，横枋之上刻耶稣基督像或者圣母像。柱头等处的雕刻还有异教题材，如双身怪兽、吃人妖魔等，是对改革后教义的呼应。一般而言，源于过去的一个权威性渊源，会以重复的方式被用来指导人的行为。

10 世纪，法国教会选择"圣骸""圣物"崇拜以表示虔诚，信徒徒步数百里甚至数千里前往朝拜。教会沿途设立寺院供香客食宿与祭拜，横厅开始发达以容纳众多修士，日耳曼教堂习惯拥有东西两个横厅、祭坛，大门开在侧面中央。

在圣坛外侧配置几个放射形凸出小礼拜室以收藏"圣物""圣骸"，也有教派把它们造在横厅的东侧，教堂东端开始情境层次的定向和认同，钟塔出现。这些修道院的主要建造者是修道士。

拜占庭建筑最辉煌的代表，是位于君士坦丁堡的圣索菲亚大教堂（Santa Sophia，修筑于 532—537 年，建筑师伊西陀尔、安提缪斯均为小亚细亚人）。它是东正教的中心教堂，是皇帝举行重要仪典的场所。它离海很近，四方来的船只远远就能望见，是拜占庭帝国极盛时代的纪念碑。其教义也渐成规则，逐渐被多数民众接受为行为准则，如哈特所言，并据此批判自己或他人与之相悖的行为，亦以该规则作为批评的正当化理由。

基督教建筑的成熟

基督教建筑的意境层次阶段，基督教建筑形式完成了其意象世界层。此时期的建筑文本进一步巩固在地化与原住民建筑成果。

在基督教建筑的意境定向阶段，11世纪下半叶，十字拱被莱茵河流域、意大利的伦巴底和法国诺曼底的城市教堂普遍援引。

各地教堂的形式符号层在10至12世纪强调各域文化特质。12至15世纪，法国北方大城市的许多主教堂都经由全国甚至国际设计竞赛选择其把关人和建筑师，教堂开始兼备非宗教的功能，世俗事象成为宗教空间经常观照的主题。

教会的节日成了热闹的赛会，这是人类共性。此时神学家阿奎那的观点已与早期天主教的教父之一圣奥古斯丁不同，后者认为事物本身引人喜爱的美是低级的，沉溺于这种美是"罪孽"，最崇高的美是"上帝的理念"。阿奎那认为，在被感知时令人得到满足的东西就是美。如博登海默所言，它包括三个条件：完整性或完善性，和谐，鲜明性或明显性。人的秩序与神的秩序进一步合谋，既节约了人类神经系统的能量，减少了精神紧张，又使人与神的关系更加和谐并有望达到双赢。因此教会的节日日渐增加私人决策、行业决策以及政府决策中的规则权重。

10至12世纪以教堂为代表的西欧建筑称为"罗马风"建筑。罗马风建筑拱顶平衡没有明确可靠的方案。建筑更加专业化后，产生专业建筑师和工程师层体，使大规模的C态、D态创造成为可能。

新结构体系强调并援引后期罗马风教堂的十字拱、骨架券、二圆心尖拱、尖券，附壁抵挡拱顶侧推力优化了结构。新结构体系在英国、法国王室领地、莱茵河流域等地的城市教堂里大致同时出现，尤其是法国。

哥特式教堂使用骨架券，十字拱成了框架式，填充围护部分减薄到25cm至30cm，拱顶大为减轻；独立的飞券在两侧凌空越过侧廊上方，在中厅每间十字拱四角的起脚抵住它的侧推力；全部使用二圆心尖券和尖拱。哥特建筑结构的理论渐显。

关涉此类建筑的共同体及其联合体之间的对建筑文本创造型制的反复强调和观照，是基于对天、地、人、神共在的使命感和对人类自在的历史自觉。

基督教建筑的意境认同阶段，哥特教堂的内部处理因新结构方式的出现而表现出新图景。旧习俗中，厅一般不宽，但很长，两侧支柱的间距不大，教堂内部导向祭坛的动势很强。在原来的基础上，由于技术的进步，中厅越来越高，12 世纪下半叶之后，一般都在 30m 以上。尖拱券、骨架券从柱头上散射出来，有很强的升腾动势。从 13 世纪起，柱头渐渐消退，支柱如骨架券的茎梗，垂直线统领着所有的部位。向上和向前两个动势的对比，削弱了祭坛作为艺术中心的地位。

哥特式教堂内部裸露着框架式的结构，窗子占满了支柱之间的整个面积，支柱全由垂直线组成，没有地方容纳雕刻、壁画，指向宗教意象世界层。教堂结构体系的理性成为观照此在与彼在的意境超验层，是对教会教义的另一种令人满意的佐证、强调以及传播，这种处理教义、神所、教徒和秩序之间问题的方法既然取得了令人满意的结果，那么人们就有可能不做更深刻的思考而在未来效仿这一方法。

哥特式教堂墙面很少，窗子很大，成了最适宜装饰的地方。含有杂质的彩色玻璃、拜占庭玻璃、马赛克观照了当时物理学总水平。彩色玻璃被用来在整个窗子上配置以《新约》故事为内容的图画。11 世纪，彩色玻璃以蓝色为主调，有 9 种颜色，都是浓重的暗色。以后，逐渐转变为以深红色为主，再转变为以紫色为主，随后又转变为更为富丽而明亮的色调。到 12 世纪，玻璃的颜色有 21 种，教会的教义说，这是上帝居住的景象。用物理手法附会教义，阐发神的秩序即自然法，是教会最常规的传播教义的形式之一。而作为教义传播者，无非是实现其对社会成员的控制。

哥特式教堂西面的经典元素是一对塔夹着中厅的山墙，垂直划分为三部分。山墙檐头上的栏杆、大门洞上一长列安置着犹太和以色列诸王的雕像的龛，把三部分横向联系起来。中央、栏杆和龛之间，是圆形的玫瑰窗，象征天堂，三座门洞都有周围的基层线脚，线脚上刻着成串的圣像。塔上有很高的尖顶。教会以教堂向上的动势用来强调弃绝尘寰的宗教情绪。

12 世纪教堂的外部还比较俭朴，13 世纪时，华丽的山花、龛、华盖、小尖塔等遍布全身，大门和它周围布满了圣徒或者新约故事的雕刻，还有农民收割庄稼、教师上课等生活场景或民间故事题材。

正投影的建筑设计图在哥特时期更加完善。

这个时期各地教堂的形式符号层因为强调同质性而开始指向给定的意象世界，造成这种同质性的价值理性与传统是：石材的商品化、自由工匠四处应募、各跨地区的教派力求教堂风格一致。

BG. 佛罗伦萨主教堂的穹顶是意大利文艺复兴建筑史的开始.

主教堂是 13 世纪末共和政体的纪念碑（100 多年后，当中国的朱棣取得王位后也建立了自己的纪念碑铜殿），型制独创，它在 Y 尺度上强调了 C 态与 D 态的创造（但朱棣尽可能采用最高层次或次高层次的原型文本作为新作品的新意境用以传播，这样做也许是观照当时的民俗心理），虽然大体上还是拉丁十字的，但是突破了教会的禁制，把东部歌坛设计成近似集中式的、八边形的歌坛，对边的宽度是 42.2m，预计用穹顶。

15 世纪初，伯鲁乃列斯基（Fillipo Brunelleschi，1379—1446年）着手设计这个穹顶。他是行会工匠出身，精通机械铸工，是杰出的雕刻家和工艺家，在透视学和数学等方面都有树建，是文艺复兴时期所特有的多才多艺的巨人，他创造了经典。这正是中国历来所欠缺的。中国在这方面欠缺的可能原因，一是从众心理，二是缺乏相应的对创造的激励机制，比如中国的古代建筑的业主没有国际视野和艺术气质，也从不把设计师的名字刻在建筑上。尤其是，建筑设计师相对于皇家建筑没有独立的人格，因此就没有独立创作的自由，他们以遵从而不是创造表达对业主的敬意，以便使自己的经济生存更加容易，并提高自己的经济目标。同样，中国也缺乏对建筑师的约束机制，古代中国没有法律规定如果建筑师的设计超过了预计总价值的多大比例，将会对建筑师进行何种惩罚。另一个可能原因，与中国人的维生模式相关。

1420 年，在佛罗伦萨政府当局召集的有法国、英国、西班牙和日耳曼人建筑师参加的会议中，伯鲁乃列斯基获得了这个项目的委任。在天主教会把集中式平面和穹顶看做异教庙宇的型制而严加

89

排斥的情况下，是天才的创造力冲破了目的理性的边界指向价值理性，开启了新习俗（而在中国古代，工匠则以服从皇帝和官方为荣，在所有的创造中观照官方意志和传统价值理性，尽量规避因创造的不稳定性所可能带来的风险，在所有活动中首先考虑安全感和私利）；佛罗伦萨大穹顶援引拜占庭小型教堂的手法，使用了鼓座，把穹顶全部表现出来，连采光亭在内，总高 107m，成了整个城市轮廓线的中心，超越了古罗马的穹顶和拜占庭的穹顶半露半掩的还不会作为重要的造型手段的局限。

12 至 15 世纪，城市实行着一定程度的民主政体，在教堂建筑上相互争胜，法国北方大城市的主教堂有许多都经历过全国的设计竞赛，这种公开竞争呼唤理性与创新，为最具创造力的天才提供了大舞台。工匠在身体和心理隶属于工官的许多年里，没有独立性，也没有竞争压力和创新动力。由于中国工匠的心理状态及社会历史给予的经验还不足以使他们经由法律同其雇用者签订有效的合同，并且中国传统社会没有法律和规范要求对工匠进行保护，官府奖励遵从传统者，工匠由此成为官府的附庸者而不是艺术的开创者。

而中国宗教建筑此时的功能并未发生根本性变化，尤其是中国大中型宗教建筑隶属于官方，在再造时订单式生产，没有基于创造性的价值评判，甚至有意或无意忽略或排斥已具成熟意象世界层和意境超验层的异文化人类建筑文本，因此其物质实在层和形式符号层没有受到挑战。尤其是宗教教理并没有发生重大变革，也就是说，中国宗教史上欠缺杰出的宗教领袖人物，更不能奢谈他们之间的激荡。

隐修者逐渐表现出对世俗的权力、财富更浓厚的兴趣并开始追逐，宗教节日成了热闹庙会，仪式豪华，掺进更多社会、经济活动，宗教之场与经济之场开始相互叠加，产生新的文本（物质的、精神的）和民俗心理。

第三节　力求独立与自治的法律努力：佛教建筑

这里的佛教建筑特指非中国的大乘佛教建筑，尤其指印度，时间从公元前 500 年至公元 1440 年。

作为中国佛教建筑和道教建筑的重要选择文本或原型文本的非中国佛教建筑，在文本生成中强调 X 尺度的表达。

佛教产生于公元前 5 世纪末的印度，大盛于公元前 4 世纪至公元前 3 世纪。佛教主张，只要否定人生，便能解脱痛苦。正如边沁所说，在他们看来，人类最重要的特质是感觉，也就是经受痛苦和享受愉快的能力。教徒们预期经由这种认知来重新建构自己的防御心理，以规避政治、经济和社会以及自己身体变化无常的冲击，从而隐忍现在或定在的生理或心理苦难，实现一种心理上的安全。它是人类一种力求自我完善的自治的努力，也是体现在佛教教义之中自然法的努力目标。印度佛教建筑各要素的存在形式以及各式各样边界的存在状态不仅强调了印度文化的价值理性、目的理性和情感，同时援引印度已经成熟的世俗建筑文本，这些建筑文本涵盖了印度原住民以及雅利安迁徙族群等在地化文化因素，并随佛教被传播到整个亚洲。对于佛教徒而言，佛教教义及其建筑空间实际上是一个法律认可的事实问题，需要通过经验性地参考和分析客观社会现象来回答——只要它能解除他们现世的心理压力和神经紧张。因此佛教教义往往是他们走投无路（生理的和心理的）时的惟一避难所。

伴随宗教传播而进行的建筑文化在地化构建，是人类建筑史上最显性的文化传播方式之一。这种传播不仅具有实在的心理学基础（满足新经验的欲望、满足安全感的欲望和被承认的欲望等），而且有超验的精神基础（表达对神祇的谦恭以获得护佑）。

佛教建筑的发生

在佛教建筑发展的第一个阶段，即环境定向阶段，印度早期的佛教建筑援引其世俗建筑的本土文本，承载了印度生活世界的各种习俗。由于物质实在层的定向较早，印度早期佛教、婆罗门教建筑具有浓厚的乡土特质。

在佛教建筑的环境定向阶段，创立佛教的释迦牟尼（约前563—前483年）一生在恒河流域之东活动。最初佛教主张以寂灭无为达到自我否定，以摆脱苦海，不拜偶像、不信灵魂。因此佛教寺庙空间文本的种种现象论特征——形状、材料、要素的排列等，都匹配这一教义，此时其物质实在层主要是埋葬佛陀或圣徒骨骸的窣堵波（Stupa）和供信徒们苦修的僧舍。

FA. 窣堵波是半圆形建筑物，是世界各地早期实在的圆形坟墓，以印度北方古代的竹编抹泥、近于半球形的住宅为原型，同时是隐喻关涉天地共在的隐性知识的物理性展现。

塔，作为对死者的纪念物，早在佛教创立之前已在印度完成了形式符号层的定向与认同。

在佛教建筑的环境认同阶段，佛教的价值理性指向遁世隐修。早期的佛教强调僧侣过游方生活，以免熟人熟地干扰修行，因此并不强调固定僧舍。他们暂居的处所主要是一种乡土性寓所，首先或主要是作为物质实在层而存在，有住房、大厅、退居所、储藏室，没有院子，无论是整体上或空间上都没有表现出某种张力。

窣堵波在这个阶段由于被佛教强调和援引而逐渐完善其物质实在层，其具有实用功能的形式符号层开始定向。要把握此时这种特定的空间文本需凭借现象学因素，包括炎热和凉爽、光和影、嘈杂和寂静等环境论的因素，兴奋和疲倦、安定和恐慌、隆重和寻常，甚至无忧无虑和死的惶恐等个人心理学因素。作为一种具有技术性的佛理传播具象载体，窣堵波自然地选择了印度传统坟茔形式。但这种历史性的具象空间文本尚待考古发掘。

佛教建筑的发展

佛教建筑发展的第二个阶段即情境层次。该时期的建筑样态关涉印度频繁的族群迁徙，尤其是印度西北地区异文化族群的迁徙，比如希腊、阿富汗等。

佛教建筑在观照其物质实在层的同时开始了对形式符号层的认同。佛寺的"地点应该离城不远也不近，方便人们的来去，什么人都容易到达。白天不会太拥挤，夜晚也没有吵闹声和令人不安的事。闻不到人群的气息、远离尘嚣，很适合隐居生活"。

自成一体的带围墙的佛塔直到公元前 1 世纪或公元 2 世纪才开

始在印度出现。佛教律书（Vinaya）中没有提到佛塔、寺院。

而印度的世俗方院早在红铜时代就已成熟。

6 至 9 世纪，在印度形成了封建制度。婆罗门教又重新排斥了佛教，后来转化为印度教，同时还存在着专修苦行的耆那教。由于虔诚和经济利益，工匠用砖、石材营造了大量佛教、婆罗门教建筑，而世俗建筑物多用不耐久或成本较低的竹、木、土坯等材料建造。

封建时代后半期，印度佛教建筑因族群迁徙及其建筑文化的在地化而发生重大变化。

佛教建筑的情境定向阶段开始强调意象世界层。

BG. 公元前 3 世纪，桑契窣堵波建成，僧侣们聚集到窣堵波周围造经堂静修，同时在火山岩地带依山凿窟，建造了许多永久性祭拜与起居空间，名为毗诃罗（Vihara）。毗诃罗一般以一间方厅为核心，周围一圈柱子，三面凿几间方形小禅室，援引了民居三合院布局，而这种三合院是当时世界包括中国通用的院落结构。毗诃罗的旁边常有名叫支提（Chaitya）的举行宗教仪式的石窟，多是瘦长的马蹄形，也有一圈柱子。在里端，半圆部分的中央是一个就地凿出来的窣堵波。为了增加采光，在大门口的上面再开凿一个火焰形的券洞。从公元前 2 世纪至公元 9 世纪，印度北部开凿石窟大约在 1200 个以上，最著名的是卡尔里的支提。石窟内外模仿竹、木结构的建筑物，雕琢出各种竹、木构件和立柱，从 Y 尺度上强调了对当时竹、木结构的毗诃罗习俗的援引，以及对该类文本共性、个性和典型性的综合观照，意在保持附着于佛理之中的自然法的内在的首尾一致性，并进行实证主义之法自治的努力。

GB. 最大的窣堵波在印度桑契，其顶上有一圈正方形石栏杆，围着一座托佛邸的亭子，顶上是三层华盖，圣骸如发、骨之类埋藏于该佛邸。半球体是用砖砌成的，表面贴一层红色沙石。它的四周有一圈石栏杆，每面正中设一个门，门高 10m，原为木构，改为石料后成为仿木结构，并以角朝向正方位。栏杆仿木结构。桑契大窣堵波栏杆门在中国的帝国时代（秦汉至清）一直被宗教建筑和世俗建筑所广泛援引，因为佛理的自治性而往往被特定政治共同体或社会利益集体所援引以达到各自的预设目标，尤其是共同体自治。

门的所有构件上都覆满深浮雕，轮廓上装饰着圆雕，题材大多是佛本生故事。南门表现佛的降生，西门表现佛的悟道，北门表现佛说法，东门则表现佛圆寂，分别用圆雕三叉戟、树木、莲花和车轮代表。在立柱之间用插榫的方法横排着三根石料，断面呈橄榄形。立柱顶上用条石连成一个环。这样的栏杆是印度建筑中特有的。

桑契是一处不到 100m 的高地，阿育王亲自选定它为隐修地，并从波斯请来匠人在最高处造了一根帕赛玻里斯式的纪念柱，该场所从而蕴含了强大的历史之力与原住民的历史记忆，桑契变成了圣地。在该景观之力的吸引下，后人建造了大窣堵波，又以它为中心，造了庙宇、僧舍、经堂，形成一个大佛教建筑群，仅窣堵波便有十几个，其中 8 座是阿育王造的。场所的物理之力与历史之力一再叠加，显现出其巨大的文化张力，与武当道观颇为神似。

佛塔在佛教徒中成为一种特别值得敬仰之物是在阿育王时期。随着佛陀的入灭，其遗骨所埋的 8 个佛塔被信徒所敬仰，从此塔这种民间早已定型的死者纪念物成为佛教公认的物象。这一流布整个佛教世界的习俗源于阿育王的参与，以及对佛陀的习俗式的纪念物塔的建造，这种习俗的生发隐喻着习俗与特定个体的关联。阿育王打开了前面所说的 8 座佛塔中的 7 座，把佛祖的遗骨分给他的领土内多数重要城镇，并在每份遗骨上都建了很醒目的大佛塔。

佛教至迟在东汉初期，即公元前 2 年正式传入中国，中国最初的佛教建筑就分野为乡土与官方两类，乡土类基本上选择了印度佛教早期建筑无院子、离散的型制，但官方的佛教建筑除了观照印度本土的相关特质，同时观照中国世俗建筑范式；由于佛教教义对其建筑并无严格要求，佛教伽蓝很快就在各构成部分的型制上选择中国本土建筑文本旧习，但依然强调佛塔主题。

在相传为佛祖悟道的场所菩提迦耶（Budh-Gaya），阿育王造了一座纪念物。按阿育王的设想，其实证主义的王法以及国家治理机制都旨在保障权利和期望国家和国民的安全，使它们免受各种强力的侵损，这些强力出于公共或私人的利益的考虑而试图削弱法律结构的完整性并侵犯他人的基本人权。为了实现这一目的，法律就必须能够抵制政治或经济压力，而与佛力的嵌套将提升法律的独立和自治的能力，即抵制力。所以阿育王的自然法和实证主义法嵌套体系力图创制一个有关法律概念、法律技术与法律规范的自治机体，佛教建筑就是这个机体的一部分，它们引导社会成员前往，接受传播。在阿育王之后，后人又陆续增建，公元 2 世纪造了一个庙和一座塔。塔是金刚宝座式的，高台上立 5 座修高方锥体，中央的高 55m，四角的 4 座小得多。佛经认为，佛祖悟道时所坐的地方是宇宙中心，下与地极相连，叫金刚界，又叫须弥山或妙高山。它有 1 个主峰，4 个小峰，代表金刚界的五部，各有一佛；中央是如来佛，东部是阿众佛，南部是宝生佛，西部是阿弥陀佛，北部是释迦佛，金刚宝座塔便是弥座山的模型。金刚宝座的建筑美学形态是典型的在地化文本，既观照地理形态又强调国家治理秩序和机制。支提的型制也被婆罗门教建筑所援引。

佛教建筑的情境认同阶段，由于教义的导向，印度的苦行僧们得到很多舍施，石窟趋向华丽，支提周边形成柱列的柱子大多采用帕赛玻里斯式，柱头雕饰繁杂。

BE. 在远离山岳的地方，有用石块砌筑的支提，更像用竹竿编造、抹泥而成的民居。石块叠涩而成的屋顶，外形浑圆光滑，称为"象背式"屋顶。石窟用很大工夫雕成竹、木结构样式，强调了习俗对文本创作的重大影响。

决定宗教建筑物样态的不单是宗教教义。宗教建筑物作为整体具有一定的内在机制，这种机制关涉经济学、物理学、心理学等领域，并促使宗教建筑的物质实在层和形式符号层日益完善或改观。石窟富有雕刻、壁画，最著名的壁画在阿旃陀（Ajanta）石窟群，是一所石窟修院，位于一个马蹄形山谷里，缘边开凿 25 个毗可罗，14 个支提。僧侣已经从个人苦修转为讲经传道，石窟僧院出现。

佛教建筑具有了新的情景图式。

佛教建筑的成熟

在佛教建筑发展的第三个阶段即意境层次，11 至 12 世纪，自中亚、阿富汗迁徙而至的伊斯兰教徒在印度北部建立了几个王国。
15 世纪末，又一支从中亚迁徙而至的伊斯兰教徒统一了印度的大
部分地区。强势的在地化文化重构让印度文化全面穆斯林化，其重
要建筑放弃了原住民传统而基本上选择了中亚、西亚伊斯兰建筑习
俗。但出于印度物理条件的限制，比如当地盛产优质石料，宗教建
筑多用石造，因此与用砖和琉璃的中亚、西亚的伊斯兰建筑有异，
表现出迁徙族群历史记忆物化重构时的在地化特征。

在印度南方，还残存着独立的婆罗门教国家，因为没有强劲的
迁徙族群的干扰，宏伟的传统婆罗门教庙宇仍在生成；西北部的拉
吉斯坦（Rajasthan）没有完全归属伊斯兰王国，它的建筑较多地
保留着古代传统。

印度新建筑创作是对迁徙族群建筑文化的强调，不是因为入侵
者政治、经济上的强硬，根本原因在于当时伊斯兰教的建筑水平
较高。

作为武当山道教的选择文本之一，建于 1348 年朝鲜半岛中期
（高丽朝）佛教建筑敬天寺塔，其原作是来自中国元朝的工匠建
造，反映了古代朝鲜半岛石塔仿木结构的传统。

在日本，早在飞鸟时代，早期佛教寺院，例如日本奈良县法隆
寺的木结构佛寺，已完成定向和认同。核心建筑主要包括五重塔、
金（经）堂、回廊和大讲堂等，包括建筑构筑和装饰风格，比较
完整地体现了日本早期（大约飞鸟时代）佛教寺院的特征。由于
在建造过程中大批来自朝鲜半岛的工匠带来了当时中国隋朝以前的
建筑技术与风格，法隆寺的意象世界层指向不同族群的共在。

在泰国，13 至 18 世纪出现的西萨差那来遗迹，现存遗迹可分
为东西两个组团。西组团建筑风格多变，包括斯里兰卡、缅甸、高
棉和泰国本地式样。西组团中的环象寺（Vat Chang Lom）的寺塔
底层有 39 头大象围绕，是泰国本地风格与源于斯里兰卡佛塔的结
合。整个遗迹作为武当山道观可能选择文本的重要存在，隐喻着印
度支那域文化中建筑民俗心理的相互融合和激荡。印度成熟的宗教
建筑随着族群迁徙直接影响了整个亚洲的宗教建筑。

佛教建筑的意境定向阶段，东南亚大多数国家和尼泊尔的中世

纪文化受到印度的强烈影响。大量的庙宇随着佛教和印度教的传入而被建构，最初都以印度宗教建筑为原型引进。

尼泊尔是佛陀的故乡，阿育王曾亲自把佛教传入该地，但尼泊尔却以印度教为国教，佛教、婆罗门教也流行并融入印度教中。它的宗教建筑主要有三种形式：佛教或印度教的楼阁式，窣堵波式，婆罗门教的什喀拉式。

缅甸只流行佛教。7 至 8 世纪时，庙宇和印度婆罗门教的相仿，方形主体，方锥形顶子分许多水平层，墙面简洁、平整，有僧院和宫殿。

佛教建筑在东南亚和尼泊尔进一步在地化建构后，表现出与原住民建筑文化的相互观照。

尼泊尔的窣堵波在半球体之上的部分很发达。有一个方形基座，四面画着佛的"无所不见"的眼。双眉之间的第三只小眼代表佛陀至高无上的智慧。上面"十三天"方锥形或圆锥形，砖砌，抹白灰。顶上的华盖用铜铸，镂空。十三天成了窣堵波的主体。十三天指登天的十三站，喻示登天路途遥远，或说代表十三种知识。华盖象征涅槃的至高境界。从半球体往下大小一共五层，由下而上分别代表地、气、水、火和生命精华。半球体的四面有重檐的神龛。13 世纪晚期，建筑师、雕刻家、画家阿尼哥（Balbahu）把窣堵波式佛教建筑带到西藏，又带到元大都（北京）。由于族群迁徙，尼泊尔建筑受西藏建筑的影响，木构架、以砖石为外墙的藏碉式房屋随处可见。

缅甸的金刚宝座塔，中央的大塔和四角的小塔分段明显，束腰很深，体形修长，向上动势很强。流传于中国的云南省。

泰国在 14 世纪时是一个王权国家，王族控制着重大的文化活动和社会活动，国王笃信佛教，是艺术的庇护者和赞助者，大量建造佛寺、雕塑佛像，受印度、高棉佛教艺术影响。南部的寺庙是高棉式的，由层层山墙、向前的门廊和外廊柔和的塔组成，塔形来自北印度的一种婆罗门教塔。北部在 14 世纪后有缅甸式的覆钟形窣堵波。泰国的窣堵波比较陡峭挺拔，台基、塔体、圣骸堂、锥形顶子等各个组成部分和缅甸的塔相同。这意味着经由王权，王法结构可以根据社会生活结构和社会力量的变更进行安排，并赋予自己逻辑上的一致性、可预见性和稳定性。而且出于自治，法律经由这些宗教建筑的传播而巩固了社会秩序，回应社会道德和社会意识的变化和挑战。

尽管这些国家乡土特色的建筑文本已经成熟，其重要建筑样态，比如寺庙的样态都毫无例外地观照异质文化的同类文本。

佛教建筑的意境认同阶段，在印度，公元 10 世纪印度教寺院建筑的定向作品已经存在，有砖结构的康达立耶-马哈迪瓦庙，是南亚中期印度教寺院风格，基本特征是：台基很高，建筑中部设有平台以利于采光，从主塔到贡品殿的屋顶被统一成相同的式样。建筑中部具有包括刻画男女交合在内以性崇拜为主题的雕像群，反映了该域文化的民俗心理及建筑民俗特征。这种型制被包括中国在内的佛教世界所援引。

而此前稍早的位于斯里兰卡的砖石结构建筑佛牙台及圆堂，曾有 12 座供佛牙的寺庙、方台形的佛塔等，对东南亚和印度支那的佛教建筑产生相当直接的影响。

南亚各国的宗教建筑风格由于族群迁徙或工匠流动等原因而相互援引，各族群的宗教建筑文化互相交融而出现新的情景图式，并通过异质文化间的博弈、本国法律的匡正或导引表现实在、预示定在。

1408 年前后问世的阿塔拉清真寺是印度中期伊斯兰教建筑，平面是传统的方形，面对中庭的三面是两层三进的围廊，两侧礼拜方向是礼拜大厅，厅中央有穹顶，前面是面向中庭的巨大壁龛式拱门，结构上采用拱券、石梁柱公用的手法，石柱的装饰以及拱门形状（立面轮廓为梯形）等方面体现出印度教建筑风格影响，该清真寺建立在供奉阿塔拉女神的印度教寺院旧址上。

第三章　历史主义法学和秩序与正义的综合体：三维创造、创造文本

——大乘佛教建筑与道教建筑

　　本书涉及的三维创造文本是指中国的大乘佛教建筑和除武当山以外的道教建筑，时间从公元前 2 年①至公元 1440 年。

　　创造文本是文本——传播理论层体中的第三个层次，它在原型文本 A、选择文本 B 的基础上的更进一步，体现了更高的创造力 WXY，它除了涵盖原形创造的 W 尺度、选择创造的 X 尺度外，还强调上下的创新或超越的递进关系的 Y 尺度，体现了文本创造过程的 Y 三维逻辑关系。在历史法学的研究范式下，两种三维创造文本被认为是内在的悄然发生作用的力量的产物，它们深深根植于一个民族的历史之中，而且其真正的根源正如萨维尼所言，乃是普遍的信念、习惯和民族的共同意识。而正义正如赫伯特·斯宾塞所言，就是每个人的自由，这种自由只受任何他人的相同自由的限制。

　　大乘佛教建筑和道教建筑相对于武当道教建筑的生成而言是创造文本——武当道观可能在其基础上进行 WXY 接受而形成。它们代表了定型化的在地化建筑，在汉代确立，是当时中国建筑的最高水平，这种建筑水平基本上与亚洲其他先进的世俗建筑持平。

---

　　①　翦伯赞主编：《中国史纲要》(上册)，人民出版社 1983 年版，第 213页。关于佛教传入中国的年代，有多种不同的说法，笔者更倾向于汉哀帝元寿元年（公元前 2 年）。此时，博士弟子景卢受大月氏王使伊存口授《浮屠经》。大月氏是中亚佛教盛行之地，口授佛经是印度传法和中国早期翻译佛经的通行办法（见《魏略·西戎传》）。

中国建筑至迟在夏代前完成环境定向，这种定向包括在地化建筑文化建构和原住民风土建筑的确立。

每一种习俗都是具体的个人在具体的历史环境下借由具体文本的创造得以生成，这种反复发生的行动过程关涉一种典型形似的主观意义。在一种文化成熟期，文本生成时更多采用原型文本；在一种文化的发生发展期，文本生成更多采用选择文本和创造文本。当一种建筑社会行为取向的规律性有实际存在机会时就成为民俗。

中国在方国、王国、帝国三阶段皇权都十分强大，宗教势力相对微弱，中华文明适应皇室、贵族和农业文明发达的城乡要求，世俗性很强，包括各代建筑在内的大量的农业文明被保存下来。相对稳固的农业帝国疆域、严格的户籍制、工官制以及道家文化和儒家文化等社会环境、地理因素共同形成了其建筑文本特定的有意味的符号，这种形式符号不是个人瞬间的情绪，而是表现为一种特定域文化内居住者的普遍情感或情感观念，展示出这些居民的生命形式。

中国古代建筑普遍指向中国个体的生命形式，观照特定时空与之共在的其他人居的共性，并同时强调了中国传统习俗和长江、黄河流域的客观经验。虽然黄河、长江流域的气候、地理不同，泥砖、原木或芦苇、夯土墙建材的基础自古就在中国的各地形成，还有与之相应的建筑架构的建立。这些结构又造就了建筑设计基础及组织空间的观念。包括民居与宫殿的非正式及有机性设计所展现的正统与理性，以及中心轴的对称设计。这两项传统也传达了两种重要形式，一个是实物，另一个则是象征及代表性。也就是分别指依照功能、结构及情境的实际需要，或是超脱现实借以传达某个特殊的构想。最后，它们表达了神助意识形态的建构方式——由天神或是神明资助的方式来建立建筑的形态与秩序。

宗教建筑初创时往往援引成熟的世俗建筑范式，道教建筑在物质实在层的定向时，由于经济实力和教义的局限而强调对本土先在建筑习俗的援引，尤其强调对皇家建筑和官式建筑的推崇和偏爱，因为本土的世俗建筑（包括府邸型制）在公元前3世纪就达到很高水平，是实证主义之法内因引导的结果，这些成熟的府邸代表了比较高级的建筑文化水平，是秩序和正义的表达，也是秩序和正义的结果。

属于道观蓝本的宗教建筑在新石器时代已有发现。而中国的大型庙宇建筑从东汉永平十年建立的洛阳白马寺始，佛寺就随着佛教的流传和发展而逐渐在中国和东南亚地区建立起来。道教的萌芽在中国的出现比佛教更早或同时出现，道观与佛寺在建筑型制上同时强调先在与后在的在地化文化及其原住民文化，比如对对称和大屋顶的强调。道教的寺庙进山门后一般都有四殿，而强调的中心为第三殿。名山中的寺庙则随地附形，有两殿甚至只有一殿，以漫长道路作为寺庙的延展以影响心理。这种包含内在单一或多元庭院的形式是东方建筑的古老习俗。院落的存在可能是为了弥补室内空间狭小的不足，围院设屋偏好在地平线上发展的文本生成方式，往往与较低水平的建筑技术和较廉价的建筑成本对应——它对建材的后期加工、建筑者的技术含量甚至建材的要求都非常低。

大乘佛教建筑、道教建筑是武当道教建筑的实在蓝本，是历史主义法律①的物化，也是族群迁徙及其在地化文化构建的情景图式。除了日益程式化的大屋顶，它们涵盖了整个东方建筑的主要习俗，比如高台。这种在地化一经形成就因中国建筑的温和生态而相对凝固。

第一节　秩序与正义的关系：中国大乘佛教建筑

这里的佛教建筑特指中国大乘佛教建筑，时间上从公元前2年至武当道教创立时。

作为道教建筑显性经验的 AB 及其隐性经验 EFGH 参照，中国大乘佛教建筑对道教建筑影响深远，它是审判历史又是规范未来的场所，并体现法律制度恰当完成任务要求的实现正义和创造秩序的职能。虽然佛寺和道观在构成要件等方面有诸多相似之处，但二者

---

①　一种法理学学派，认为不论是法的政治维度还是法的道德维度——前者体现立法者意志，后者源于天生的理性和良心，二者都从属于该社会的历史传统，从属于该社会对过去的记忆和对未来的期望。

之间并没有必然的联系，应严格加以区分。

大乘佛教建筑的发生

在中国大乘佛教建筑的环境层次阶段，中国建筑已进入情境层次。除了大屋顶，中国建筑与整个东方世界的世俗建筑几乎同质同构。

佛教至迟在公元前 2 年，即东汉初年传入中国，佛教传入的路线尽管已有定论，但疑点众多，其确切路线尚待考古学证明。流行于中国的佛寺表现出以佛塔为主和以佛殿为主以及塔殿兼顾三大类型，最早出现在我国文献中的佛寺是以印度早期佛教建筑为原型的塔院式，它是东渐迁徙而至的印度比丘历史记忆的在地化重构。但这不该是中国最早的佛教建筑文本，最早的应该是与河西走廊、丝绸之路相关，与西域在经济与地理上相连的非官方建筑形式或比丘的私密居所。以塔为主题，以方院和回廊、门、殿环绕这种型制的定向和认同，强调了古印度佛教徒绕塔膜拜的仪礼习俗。我国对其空间文本的选择行为指向信徒的虔诚。

中国大乘佛教建筑的环境定向阶段强调建筑物质实在层的确立。

在官方行为出现以前，中国最初的佛教建筑应该是在地化的乡土建筑并体现在地化特质，因为处于特定目的理性与价值理性的佛教传播者（个人或族群），既要观照个体的传统、情感，同时还受制于物理环境。当时中国的乡土建筑（尤其是北方的）因在基本型制上与印度北部的世俗建筑几乎相同而没有太多改观的必要；而后人往往以为，佛寺传入中国后渐次在地化。

文字记载最早的佛教建筑是东汉明帝时建于洛阳的白马寺，因是皇家建筑，且援引印度佛教后期的建筑型制，所以它"自洛中构白马寺，盛饰佛图，画迹甚妙，为四方式，凡宫塔制度，犹依天竺旧状而重构之"，是对印度相关客观知识的原型再现，以独特的配置强调了佛教空间文本的独特意象及其在地化特征。从总体价值而言，所有的宗教建筑都是等价的。但人们可以从不同角度权衡宗教建筑的差异。

CE. 汉末徐州浮图寺"上累金盘，下为重楼，又堂阁周回，可容三千许人。作黄金涂像，衣以锦采"。三国东吴时，康居国僧人康僧会 247 年来建业传法，建阿育王塔及建初寺，成为中国南部佛教建筑的最初尝试。

经过在地化构建的佛寺在中国实际上已经表现出纪念性建筑、公共设施和门户景观等诸多特征。尤其是作为当时法律许可的流行文化，佛教与佛寺能在中国城乡生活节点的存在表明，当时的国家治理者已经将其作为社会治理机制的组成部分，甚至与法律紧密相连、融洽一致，共同维护秩序与正义。

就大乘佛教而言，当时的中国政府以官方行为援引作为国教时，可能是出于政策上的考虑，也出于个人信仰的考虑，因为最迟大约在公元前 2 世纪已开始吸引中国居民的佛法，表现出对道德的观照，推理很有逻辑，并强调了自由意志在生命形式中所起的重要作用，要求遵守中庸之道，十分迎合中国人的心灵需求。尤其是，佛教相对于王法而言是一种完美的辅助系统，可以使人自治、发掘自我道德而走向善。而王法若要恰当地完成其职能，不仅要致力于创造秩序，还力求实现正义。

中国大乘佛教建筑的环境认同时期，佛塔在中国佛教建筑中的地位移转，可能的原因是：中国北方冬季室外寒冷，举行礼佛仪式不便，需大空间的金堂、法堂（它除了是信徒向神灵表达敬意之所，更重要的是僧侣经修之地）；更可能的原因是，佛教教义不严格，传到中国后，佛开始被理解为一种祠祀且近于神仙方术，佛教教义被理解为清虚无为，与黄老学说相似，因此浮屠与老子往往并祭，印度佛教建筑的纪念（塔是对佛祖的纪念性建筑，窣堵波是高僧的坟墓）文本意义日益被忽略。佛塔客观知识的存在只是一种符号，从寺中心转移至侧后，直至淡出佛寺，这是建筑文化在地化的显性表达，这种取舍从属于该社会对过去的记忆和对未来的观照。

此时，隐性的佛教建筑空间文本还大量存在于世俗建筑的厅堂里，与世俗生活共在。强调了佛教俗家弟子在日常生活中对礼佛礼祖的共同观照。为佛设置专门的或兼用的住所并日日参拜，已成此阶段中国相当一部分原住民的生活习俗、生存策略和自治手段，成为他们遵从的秩序原则的组成部分和提升道德目标的手段。

佛教建筑的发展

中国大乘佛教建筑的情境层次阶段，相当于中国隋唐五代至宋。

这是佛教建筑发展的第二个阶段，如果将装置作为比较的基础，此时的佛教建筑开始进一步在地化，表现为为维持佛教建筑延续而设计的物理性配置的局部更动。

佛教依赖场所存在，佛教建筑的配置构成其具象与意象的空间，这些配置与技术直接相关，并表达了建造者、接受者的智慧与情绪。

佛教建筑的在地化成就通过族群迁徙进一步传播甚至覆盖其原来样态，比如中国佛教建筑对东南亚的影响。

中国大乘佛教建筑的情境定向阶段，以佛殿为主的佛寺，基本上与中国和印度传统宅邸的多进庭院式布局相吻合，因为佛教对其建筑的要求并不严格，其建筑形式主要援引印度的世俗建筑，而印度的世俗建筑和中国的世俗建筑在配置上十分相似。另一个原因则与南北朝时期王公贵族舍宅为寺相关。在这样的世俗庭院里，以前厅为大殿，以后堂为佛堂以利用原房屋，并因此解决了以佛塔为主体的佛寺在使用上的不足，强调了信徒日常生活、观念的旧俗，从而成为隋唐以后中国最常见的佛教建筑文本形式。这种佛寺建筑形式强调了中国信徒对佛教教义及其建筑型制的认同以及在我化过程。

隋唐时期较大的中国大乘佛教的佛寺主体部分，仍选择世俗院落结构，对称布局，沿中轴线排列山门、莲池、平台、佛阁、配殿、大殿，殿堂成为最主要的功能空间。

两晋、南北朝时，中国出现大量寺院、石窟和佛塔，云岗、龙门、天龙山、敦煌等石窟也肇始于此时。此时的佛塔在总体上依然保留印度佛教文化的在地化特征：塔身的线条、塔座的分层以及塔座被壁柱划分为纵向的区间、每个区间有壁龛和神像。这些特征出现在印度佛塔的意境定向与认同时期，即马其顿亚历山大入侵印度后印度的希腊化时期，是典型的希腊化特征。印度佛塔希腊化的情境与意境阶段，与佛教传入中国的时间吻合，因此具有希腊建筑文化在地化特征的佛塔、佛像等空间文本开始传入中国，经由新的在地化构建完成其意境的定向和认同，并因中国建筑发展迟缓而得以长存。而在印度本土这种希腊化特征形成后，经过几个世纪，其中的一些在印度逐渐淡出。

CG. 北魏洛阳永宁寺，由当时皇室兴建，主体部分由塔、殿和廊院组成，中轴对称。9 层方塔位于 3 层台基上（在印度希腊化之前，塔基低矮且不分层；塔基提高并分层始于希腊化之后的印度西北部），塔北建佛殿，矩形院落。僧舍等附属建筑物千间，置于主体院落之后与西侧。寺院四角建有角楼，表现出对伊斯兰教建筑的观照。前塔后殿型制，强调了佛教建筑旧俗。

中国大乘佛教建筑的情境认同阶段，唐代晚期密宗盛行，密宗因大量援引印度婆罗门教性力派教义与空间文本，新的在地化文化构建表现为佛寺中出现的十一面观音和千手千眼观音，并以刻有《佛顶尊胜陀罗尼经》经文的石幢强调对密宗的推行。晚唐时钟楼的设置一般位于寺院南北轴线的东侧，已成固俗，并沿用到明初。明代中叶，又在其西侧建立鼓楼，并将二者移至山门附近。元代皇帝提倡藏传佛教，中国汉传佛教建筑只援引了藏传佛教建筑中的喇嘛塔和一些符号作装饰。

经济上的强盛使佛教建筑在功能配置上更为繁复完备，但几乎都是院落的复制和集合，平面在缓慢演进中很少修正，天际线的发展几近停止，这也是原住民的建筑习俗。这种对原住民生活的强调和现有秩序的遵从进一步增加了佛教在异域的生命力。

佛教建筑的成熟

中国大乘佛教建筑的意境层次阶段，是佛教建筑发展的第三个阶段，相当于明朝前期。这个阶段中国大乘佛教建筑强调意象世界层与意境超验层的定向和认同。中国成熟的大乘佛教建筑是稳定的中国建筑形态的进一步完善。

中国大乘佛教建筑的意境定向阶段，明及其后的佛寺沿用隋唐习俗并更加规整，大多依中轴线配置功能空间。塔更为少见，转轮藏、罗汉堂、戒坛及经幢还比较常见，但数量锐减。方丈、僧舍、斋堂、香火厨等布置于寺侧。从佛寺总平面来看，从隋唐至明清，这个时期的发展已走向停滞。

从建筑配置和型制的角度展现的风景，比如武当山铜殿是智慧（包括秩序与正义）的风景。建筑的最高境界是发现智慧（包括客观的智慧和主观的智慧），这是设计的终极指向。智慧通常表现为大胆的想象力，这种想象力引导建筑超越传统与现实，进入特定的意象世界和意境超验层。这种想象力或创造力是支撑建筑样态的张力，而智慧的生成又依托于秩序和正义。

此阶段大乘佛教建筑对前期原型的 WX 尺度上的强调和 AB 态的再现，体现了对原型的认同和强调，并在这种强调中完成了创造者和接受者对关涉中国物理环境和历史环境的 EFGH 隐性智慧的观照。

明清时期，汉传佛教以四大名山为其圣地：山西五台山（文殊菩萨道场）、四川峨眉山（普贤菩萨道场）、安徽九华山（地藏菩萨道场）、浙江普陀山（观音菩萨道场）。皇家在中国辽阔的疆域上布局了新的国家治理机制的网络及其节点，以辅助王法而创设一种正义的社会秩序——菩萨作为一种秩序和规范的文本，传播接受者可以根据自己的个体需要采取不同的方式进行接受，并与此同时走向善①和正义。就佛教建筑的本质而言，它旨在创设和传播一种正义的社会秩序。

就几何学和民俗学角度而言，大乘佛教建筑建造均强调叠加原理：不同功能同质空间的叠加或相同功能异质空间的重复，这种构思折射出接受者要求稳固的生命形式，叠加有了意识现象的特征。将源于一个原型文本的多重空间直接结构化就构成多重结构。从整个地区而言，各种同质同构的佛教空间构成一个离散的场，它具备历史之力和自然之力等力学特征，却因特定个体特定的隐性知识储备而呈现出不同的情景图式。中国的客观知识强调共同性，中国的

————————

① 一般认为是人们希望达到或社会安排中规定的一些价值或利益，例如自由、平等或尊严。参见《法理学》（英），张万洪、郭潇译，武汉大学出版社 2003 年版，第 15 页。

主观知识希望和合，中国的生存智慧指向共在。

藏传佛教分布在西藏、甘肃、青海及内蒙古一带，以拉萨、日喀则为中心。西藏的喇嘛教佛寺以印度佛寺为原型，观照当地风土建筑而呈现出在地化形态，大多选择厚墙、平顶的城堡式样，强调了同质西亚建筑的观照。西藏的乡土建筑不是孤立的，它的种种符号关涉西亚及两河流域的建筑样态。大寺内除佛殿、经堂及喇嘛住所外，还设置供僧人学习的佛学院"扎仓"，这种习俗源于西南亚。

大乘佛教空间文本存在于中国社会，其意象代表特定的人或人群的特定的观照世界的方式，因而代表特定时空的居民（原住民、迁徙族群）的生命形式。大乘佛教空间文本是秩序和正义的物化，也是信徒基本人权的实现方式之一。

第二节　法律的强制因素与社会因素：道教建筑

这里的道教建筑是指除武当山以外的中国疆域之内道教建筑空间文本，时间从公元前 3000 年至公元 1440 年①。

这些道教空间文本是武当山道教建筑的原型。它们的样态阐释了强势的异文化族群迁徙相对缺失下中国宗教建筑的发展规律。

道教在我国宗教中居第二位，其教义涵盖了中国古代的社会历史和文化心理，并表现出对人、神、天、地共在的强调，其理念的许多片段是对历时与共时的人类显性知识的强调和援引（比如三神山与金刚三山）。从几何学角度而言，道教建筑的空间文本始终表现出对中国实际上是东方建筑客观知识的高度偏好，这种带着强度呈现的中国宗教"情景图式"尤其通过数量上的复制加以强调，这种偏爱指涉东方人的人性叠层及其价值判断。

以道教为表征的意识在空间文本形成过程中是对中国传统文化统一性、族群迁徙及在地化文化构建的缺失或停滞的强调。此时，

_____

①　笔者将道教建筑的发端定于公元前 3000 年，是因为考古已经发现了此时的宗教建筑，并有神明像一起出土，这是地方保护神的庙宇，而地方保护神至今仍是道教神仙体系中重要的组成部分。

107

那些活跃于群落、村落、方国时期的强势族群迁徙及其在地化文化构建已相对止息，而原住民具有自己长期缓慢完善的建筑范式。时至今日，中国大中型道观仍属官方。这种官方所有和政治理性将道教建筑变成国家意识形态的特定宣言和国家治理秩序的物质载体，通过这种宣言一再传播同化共同体主观意义的努力。因为道观的业主——皇家或政府均视维持秩序与国内和平为其首要的基本的职责，因此经由道观载体传播的是另一种政府的训令或命令。

道教建筑从规模上分为大、中、小三类，地方小庙都是风土建筑；大中型道观则为官方建筑，都是中国古典建筑或仿古建筑，它们是武当山道教建筑的直接参照物。

道教建筑的发生

道教建筑的环境层次是道教建筑发展的第一个阶段，强调道教空间文本的物质实在层。

王国初期，夏朝大约在公元前 2200 年建立并实施了中国的新秩序，从属于王权的城市随即确立，城市郊区是村庄、农田。每个城市都由政治体制的机构管辖，建有官衙；除了世俗显性政府官员管理这些城市，每个城市都归一位或几位特定隐性神明（城隍、土地神）管辖，它们是另一种隐性秩序形成的表征，对后世的影响深入而持久，并构成道教神系的主体。因此城隍庙或土地庙是仅次于官衙的公共设施，是神明的栖息地，强调人神共在，他们也是道教建筑的原型和实在文本。

因为神明的超验性与彼岸性，为神建造表达敬意的神所土地庙、城隍庙的形式符号层已经超越了世俗居所的物质实在层，并经由其附加的种种符号引导祭拜者进入超验的彼岸意象世界层和意境超验层，由物理时空进入心理时空。

这些空间起初可能依附于聚落中私密居所或与私密居所的某个功能空间（比如厅堂）共在，随后是作为单一的空间公共建筑而独立存在，这种与世俗空间的分离为之提供了广阔的发展空间，并提供了从现实性和可能性重叠考量其状态的可能。

因为需要容纳的偶像（原始道教神明）的家族日益广泛，主建社会团体的经济能力不断增加，可操控的物理手段越来越多，这种公共性空间文本被赋予的社会功能和政治意义越来越丰厚，因此，与这种空间的经常接触（无论是出于此在的目的，还是出于彼在的祈求）能够强化利他主义。这些建筑及其仪式的主持者往往是一个族群德高望重并掌控经济收支的祭司。土地一直是个黑暗之谜并唤起生存其上的生灵的敬意，因此几乎中国的每个村落都有土地庙，它观照同在的世俗建筑，祭奉土地爷与其配偶土地奶奶，力求在此空间集中体验神明的临照，他们被构想成理想的人类形态。这种祭拜是农人祈求物产丰富而与神祇权威进行的一种商谈与情感投入。因为关于人与神之间的关系还存在着神性构成要素之间的刻画，其突出表现为对规范与价值、规范与事实的理解①。土地庙是城隍庙的原型，城隍庙是城市社会共同体展示其经验的、情感的、内心生活的具象表达，也是道观的原型。它们共同构成各差序聚落景观的节点。

中华文明在黄河中游发源较早。在此河谷和上游的远处是山区，那儿有充足的河水（正价值的和负价值的），因此人们将高山联想成或善良或邪恶的力量，为了化解这些纠纷，小心地在山区建立神庙，寻求双方的共在方式，这种神庙成了道教建筑的又一分支。借由因人口扩张而带来的族群迁徙，或长距离之间的文化交流以及它们所带来的社会治理机制的变更，异质技术和生活方式被原住民所援引，道观的样态在渐变。

在道教建筑的环境定向阶段，考古界已在各地原始社会文化遗存中发现了祭坛和神庙遗迹。它们指向人类最初对彼在的无意识体验和试图表达的体验。

浙江余杭县的两座祭坛遗址分别位于瑶山和汇观山，是土筑的长方坛。内蒙古大青山和辽宁喀左县东山嘴的三座祭坛是石块堆成的方坛、圆坛，它们均位于山丘上，远离居住区，可能为临近群落所共用，所祭的对象，对于原住民而言，是天地之神或农神；但如

---

①　李龙等：《以人为本与法理学的创新》，中国社会科学出版社 2010 年版，第 100—101 页。

果是迁徙族群，这种祭祀之所的对象则可能是他们列祖或列祖之神。已知中国最古老的神庙遗址发现于辽宁西部的建平县境内，建于山丘顶部，有多重空间组合，内设成组的女神像，主像比真人大两倍，塑像手法写实。神庙的房屋，是在基址上开挖成平坦的室内地面后再用木骨泥墙建造壁体和屋盖。神庙的室内用彩画和线脚来装饰墙面；彩画是在压平后经过烧烤的泥面上用赭红色和白色描绘的几何图案，线脚的做法是在泥面上做成凸出的扁平线或半圆线。

图 3-1 为中国村落时期（新石器早期）的西水坡龙虎图，反映了早期的宗教情境（有研究者认为与道教有一定关系）及神权政治。① 这个距今 5000 多年的建筑远高于当时的一般水平，强调了对神祇的崇敬，让沿轴线展开的多重空间组合和建筑装饰艺术在原始时代成为可能，表达了智力的愉悦，它由细部意义强调的意象指向感官以外的存在。

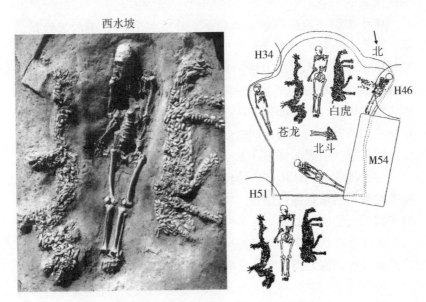

图 3-1 中国村落时期的西水坡龙虎图

① 图文资料由余西云教授提供。

　　道教建筑的环境认同阶段，出现了目前所知的最早的道教活动场所——五斗米道的静室或治，但已无实物留存。不是每个道民都有静室，平民的静室与其他功能空间同在，没有固定格式。治具有不同等级，是茅屋或瓦屋，与汉代四川的民居同型或是其中的部分空间，巴蜀汉中是五斗米道的发源地和主要活动地点。具体实物有待考古发现。

　　根据宗教教义，道，有时体现为有人类形象的给定神祇，是宇宙万物之本，但因其卓越而无法以偶像为代表。和其他中华民族的具象之神不同，道没有性别之分，没有性欲需求，没有配偶，也没有子孙，阴阳合和，而人类个体却是单性。对道的膜拜，是为了得道成仙——灵魂常在、肉体永生，净化心灵、超越现实纷争。道之在我之谓德，德者得道也。这些对宗教及社会秩序的道德要求，使得选择道作为信仰的人与世界有了新的共在方式和自律、他律机制。

　　缘于教义或者创教者自身能力的限制，早期道教建筑不特别强调独立空间，尤其是独立型制。

　　武当山道观问世前的明初道教建筑，是一种至迟在王国时期定型化的在地化建筑，已完成了意境定向，就物质实在层而言，在明清两代并无根本性的改观，多将古老的文本以 A 态再现，但相对于当时已经改变的接受主体而言，这种再现古老习俗的文本就具有了新的意象。明初的道观，以东方传统建筑的院落为布局基调，多坐北朝南，中轴对称，主要殿堂设在中轴线上，个体院落层层递进。山门以三门洞最为常见，隐喻入山门通过无极界、太极界、现世界三界方能成为虔诚道教信徒。入山门依次进入三清殿、玉皇殿、灵官殿等。

　　主殿空间三清殿是道教主神玉清元始天尊、上清灵宝天尊、大清道德天尊的联合居所。玉皇殿主要是道教的"诸天之主"玉皇大帝的私密居所。道观的殿宇杂陈多神偶像。这是历史主义法律的具体表现。道观及其配置，实际上是假借神仙之名模拟了社会阶层、国家整体及其居住，物化了能力和等级的对应关系，点明了享有特殊权力与特权的较小机构制定影响全体成员利益与福利的社会控制措施——法律的必要性和必然性。

明初道教建筑的艺术是中国传统艺术价值取向的重要物化，是中华民族吸纳人类多种空间文本原型艺术的中化融合，并具有突出的本体特征。比如，以具象意指心灵追求目标，表达了中国人尤其是道教建筑以及其创造者、信徒的文化心理和对安全感等的欲望；以吉祥如意、长生不老、羽化登仙等隐喻人生意境，以日月指向光明普照，用松柏、灵芝等指向长寿，用扇、蝙蝠、鹿指向善、富裕、仙、福，用麒麟、龙、凤指向如意。道教建筑中最有隐喻意义的"太极八卦图"，是两条首尾相接、互相环抱的黑、白点，分别代表相对的阴阳之气，表示阴阳互相依存、相互消长，同时又可相互转化，暗喻此在与彼在共在的情景图式。

一些影响深远的民间祭祀主体，如关帝、土地、文昌、城隍、妈祖、龙王、后土等，作为道教主神系的重要辅助系统共同构成道教的信仰系统，这些辅助的神系所在之所构成道教建筑的重要内容，完善了道教信众的民俗性表达以及域文化中道教建筑的民俗性指向。多神的共同体及其与之匹配的形式多样的神性空间不仅强调了迁徙族群多样化的在地化文化样态，而且宣告了社会秩序的保障手段。如埃利希所说，这种保障手段源于社会成员所遵守的安排、日常惯例以及正义原则的集合体的法律与生活世界的共存性。他们行使着王法规定的各项职责，包括社会成员的婚姻安排、财产交易、遗产处理等。

道教建筑的发展

道教建筑的情境层次，是道教建筑的第二个发展阶段，在观照道教建筑物质实在层的同时，强调道教建筑的使用关系。这个阶段，馆、观、宫等形式符号层完成了定向和认同。

中国南方湿热，建筑首重通风。屋檐檐角上翘，斗拱间留空以便空气流通。屋檐檐角上翘的另一个重要原因则可能是对男性个体或共同的审美愉悦的流露。包括道观在内的南方庙宇强调观照共在的世俗建筑，在布局上更重视轴线配置。实际上，轴线是一种客观理性和本质价值，被人类各态建筑所广泛援引。

　　长江、黄河流域和美索不达米亚与埃及人使用许多当地所产的材质装饰建筑。埃及人运用建筑术，将装饰设计于建筑结构上，比如圆柱的柱头图案，与此相似的是中国早期的斗拱。美索不达米亚人使用各种不同的材质，从砖块到瓷砖来装饰墙面；中国人也运用屋脊饰件来装饰屋脊（见图3-2、图3-3、图3-4、图3-5、图3-6）。

图 3-2　湄洲岛上的妈祖庙脊饰

图 3-3　湄洲岛妈祖庙的石头仿木梁柱与斗拱

113

图 3-4　湄洲岛妈祖庙墙壁上的石刻"双龙衔寿"

图 3-5　泉州妙应寺石塔、在地化建筑文化的典型文本以及石造仿木斗拱

图 3-6　中国古典建筑的重要符号、原住民建筑文化的母题之一：斗拱

　　长江、黄河流域和美索不达米亚与埃及人各开采当地随处可得的材料来建造建筑结构与装饰，基本设计也是如此：一方面广泛具有秩序性（埃及），另一方面又具有机能性（美索不达米亚）。在神圣的小树林中，树木的种植都井然有序，这种秩序指向创造之神的理性。而美索不达米亚平原的建筑较为随意，中国建筑在随机中展现的恒常秩序性指向原住民的价值理性。实际上，各个域文化的建筑风貌基本上对应其社会成员的服饰仪表，即历史和文化。①

　　在道教建筑的情境定向层次阶段，道教建筑与世俗建筑从空间上分离，并选择世俗建筑或自在实在空间（如山洞）为原型进行配置。

　　南北朝时，道教教义吸收儒家礼法而增进，受到社会上层的认同并一度成为国教，皇帝因延请名道而多在都邑为其修建隐修之所，道教建筑型制日益规整定型并开始以官方建筑为原型，史载北朝后魏太武帝为寇谦之建造五层重坛道场，道教已纳入官方建筑和社会治理机制之中。

———————————

　　①　多重文化的多种个案中，域文化特定的屋顶—帽子、檐饰—领饰等的风格往往一一对应。

115

　　道教建筑的配置承袭中国民居，中国民居配置观照东方传统并强调乡土显性经验，观照原住民与迁徙族群的历史记忆：房间安排都是对称的，每个房间都是有围墙的正矩形，核心庭院为正方形或长方形。中国人常以此作为自己居所的特色是极其错误的，这是东亚建筑的最一般共性。中国的习俗为大屋顶。中国、古罗马等民居通常通往第一个主要空间的门位于中轴。和古希腊房舍一样，宅门通常设在没有门窗的外墙一隅，向南的正房有厅堂供奉祖宗牌位和信仰神祇，也是男性长者居住之所。这些与道观的设置基本对应。这种民俗流布整个西南亚、华南、华北和东北亚。不同地区建筑民俗的相同性可能源于早期族群迁徙及其文化的在地化。

　　中国可见的论述总是声称是道教建筑援引佛教建筑，我们的证据表明事实并非如此。道教与佛教几乎同时在帝国时期的中国出现，道教宫观、佛教寺庙因同时援引世俗建筑而型制相仿，这种相似性同时观照印度特定时空的乡土建筑习俗，比如希腊化时期印度西北部的世俗建筑及佛教僧院（印度的成熟僧院基本上原型选择为世俗居所，其中一部分直接来自富有的信徒将自己的居所施舍作僧院，它们包涵了种种先在的习俗，比如印度世俗建筑中的照壁、携带希腊化特质的佛塔分段塔基、两河流域的高台建筑、古希腊的附壁柱、神龛等）。它们的设计同时承袭传统习俗中遵循安全考虑的现实主义以及阶级组织的理性主义。这种对建筑习俗 W 尺度上的强调和 EA 创造直接指向创造者与接受者的隐性知识和生命形式。它相对静止的样态中包容多重空间，让祭奉者能够站在隐秘的空间里祭奉神明、传达神意，完成人与神的神秘、深层交感以安抚灵魂。将相同型制的空间复制构成新的功能空间，在几何学上创造了聚落风光，指向共同体中个人的存在方式。

　　道教和其他宗教一样历来倾向于托古自尊，比如把老子奉为道教始祖；宫、观之说本来就有，而不是专为道教建筑而创立。这些用于居止游息的处所到汉武帝时与祭祀神灵产生关联。

　　五斗米师的净室（治）是通过其功能配置空间的：因为道士要统领道众、为道民求福、救度病者、为亡人解罪过，师治空间中就包括厨会（饭贤），在每年规定的一些会日，这里要举行祭祀祖师、交纳道米等仪式。治所的等级各异，以接纳信众，直接属于天师的有二十四治。① 但此时的道教建筑当属特定共同体的公共设施，尚不是严格意义上的寺庙，道教开始时教徒并不出家修行。

馆、观、宫的出现是道教成熟的标志。道教使人的灵魂高尚，符合治理国家、构建和谐生活之需，在某种程度上成为理性的组成部分，是衡量正义的标准之一，与社会主流文化相符，获得了法律的认可，因而渐兴。

道教建筑的情境认同时期，隋唐时道教为上流社会广泛认同，道教得到官方承认，道教建筑分布很广，等级很多，大规模、高水平道观剧增。出于以神权辅佐皇权的需要，唐代皇帝对老子李聃的认祖和尊崇进一步强调了道教空间文本。由于这一时期道教一流的宫观建造都是政府行为，建筑规模大，后魏太武帝为寇谦之建坛、宇，并在此供养道士 120 位。道教因为被皇家援引而成为社会治理的手段之一。

隋唐时，道教宫观进一步强调宫殿式建筑型制，以及沿中轴线布局供奉神灵的殿堂、斋醮祈福的坛台、经堂、道教徒宿舍。这种功能配置援引世俗建筑，尤其是宫殿式公共建筑的功能配置，比如所有的建筑都讲究风水。

由于典型的印度佛殿有附回廊的殿堂，供信徒环绕参拜，中国的殿堂因为多为前后多进却往往只有前后柱廊，环绕参拜的习俗依然被保留，只不过环绕的路线在殿堂之内、集中式偶像的四周。这种性质在早期的道教建筑土地庙和城隍庙中已经完成环境定向。

唐宋时的道观重新完善了其形式符号层，供奉神灵的殿堂、斋醮祈禳的坛台，讲经诵经之室、居住之室是其空间的重要构成。

子孙庙（小庙）与十方丛林是 12 世纪北方清修的全真派兴起的物质表述，是空间对教义的一种回应。子孙庙属于私有财产，不接纳十方道众；庙的住持（当家）兼管庙中宗教事务、财产；师徒代代相传，犹如家产的子孙继承，师傅可以收授弟子（道童），

---

① 参见文史知识编辑部：《道教与传统文化》，中华书局 1992 年版，第 336 页。

教以道经和经咒，待十方丛林开坛传戒时送去受戒后成为正式道士。

10至12世纪，各地大中型宗教建筑形式符号层基本趋同，指向政治一统与教义间的相互观照。15世纪经济的发展、建筑的产业化、政府法规的强制更加速了这种宗教建筑风格的趋同。不仅同一宗教的建筑风格趋同，不同宗教（比如佛教、道教、儒教）建筑之间的风格也日益趋同并模仿权贵的私密住所。从物质形式上看，木材的加工商品化了，木材在伐木场里加工成半成品甚至成品，建筑物的部件规格化了，以个别的采木场为中心形成了建筑流派；在各教派内，力求建筑物风格一致，而教派是跨地区的。

城市道观由"向仙界"转而"向现实"，山门的重要性增加，形成定制。道观日益摆脱初始的封闭与重拙，几进的方院连成流动的空间，这种流动性表现为前后、左右、上下的三维空间。道观内装饰逐渐增多，突破教规，也可以说是教义在进行自我修正，对其他教义的援引是道教的习性之一。当然吸纳其他教派教义完善自己的不只是道教，基督教也因参照伊斯兰教而在之后出现撒旦这一上帝的对立物（伊斯兰教教义开始就认为人是在善与恶的博弈中生存）。

城市的发展要求有与其相匹配的宗教建筑的建立，作为城市秩序的传播载体以及城市景观、城市文化的一个组成部分。

道教建筑的成熟

道教建筑的意境层次是道教建筑发展的第三个阶段，在这个阶段，道教建筑在完善物质实在层和形式符号层的基础上注重意象世界层与意境超验层的构建。成熟的道教建筑进一步强调了中国建筑民俗的稳固性和能与之博弈的异文化建筑影响力的欠缺之处。

对早已成熟的在地化世俗建筑进行原型选择的道教建筑采取一种中和的方式：既引发感情，又诉诸理性。生命繁殖的神秘、人生的困惑引发人对神明的崇敬之心，因而人们尽量通过交换、虔诚等客观或主观手段与神明达成默契，或借此解析天神的动机及宇宙秩序。法律秩序经由道观物化与传播，亦使之成为一种自发的非强制性工具，以调整在社会共同生活并发生各种关系的普通人之间所提出的互相主张与要求。正如埃利希所言，保存和研究这些体现人类文化和艺术历史转变证据的意义被各国法律所接受。

道观空间文本利用多种场所的特质表达自己。

道教建筑的意境认同阶段约略相当于宋代至清朝末年，是道教建筑的直觉发展阶段，也是中国古代建筑的直觉发展阶段，在中轴线上布局严谨。朱棣援引孔子推崇的周朝理想，刚定都元朝旧址，就开始营造继波斯帝国都城波西波利斯之后世界上最大的木构建筑群，它有 5 道门，通往次第隐秘的建筑群。建筑群分为举行大典的外朝和个人起居的内廷。外朝三殿为治理国事之用。外朝、内廷两区共有 5 个大型广场，6 间大殿，另外还有近 9000 个其他房间。其午门前的金水有五桥跨越，代表儒家五德：仁、义、礼、智、信。天坛于明永乐年间，即公元 1420 年完工，为祭祀天地的祭坛。日坛、月坛另建后，天坛成为专门祭天之处。明代是中国古建筑的黄金时期，天坛、紫禁城等是中国建筑创造力和国家治理机制的典型表征，但因主题所限，不在本书讨论之列。

唐宋时，尽管政府修建的道教建筑规模宏大，并完成了道教建筑空间配置的定向与认同，但数量有限。

全真教在 12 世纪初创强调静修以匹配其出家、不结婚等严苛教义，静修与祭拜需要与之性质和功能相匹配的空间，道教建筑体制进行变更以匹配新教义，十方丛林和子孙庙得以问世。

此时的道观更强调供人围观礼拜的功能，并在形式符号层进一步强调融合象征多神共在与中国官僚体制多层架构的轴线、多进方院结构。

道教建筑的意境定向阶段，尽管道教建筑的型制基本上仍沿用旧俗，但其各部分的装饰更加完美细致，引导人们从物理时空向心理时空超越。尤其是道教建筑在该阶段所呈现的对原住民建筑习俗的观照强度，有效地凝练了道观的整体风貌，并使道观样态隐喻非幻想，比如对已逝世界的意象。

元明建筑形式变得巨大考究，特别是楼阁建筑，此外还受西藏传统影响。

道观的景域在这个阶段强调 Z 尺度上的 AB 创造。道教在早期强调景色清奇、人迹罕至的偏远之地以便于静修，或建于都市之中为官方道士居所。山西浑源县悬空寺建于公元 6 世纪初的北魏，建筑地点可充分阐释道教理念。该道观虽为道教殿堂，却兼纳佛教与儒教，是一个三教合一的普通个案。在这个时期，道观注重选择市镇的边缘进行建筑，既便于信徒祭拜、捐赠、道徒化缘，也便于静修。因此包含道观的风景成了加工过的自然风景或社会化的风景，它和它本身、周边地区、远处山水共同构成了一个道观的视觉领地，风景蕴涵着聚落的空间结构。

15 世纪，中国经济复苏，受惠的共同体之一是工于聚敛的佛寺道观，其中包括武当皇家道场。武当道教倡导真武崇拜，实际上供奉尚在人世的朱棣皇帝，神君同在的目的理性因迎合大众对王权与神权的崇拜而掀起朝圣狂热，这是其显在。饱受农耕文化浸淫、惯习于神授皇权的信徒们成群结队、迢迢而至，实施朝拜。沿着朝圣的大道，皇家设立旅店道观，供香客食宿和举行宗教仪式。于是这类道观、佛寺常常突破地域限制，像麦加朝圣那样在更大范围内营利，它们的建筑规模远大于当地寻常佛寺，成为一个托拉斯式的集旅游、商务、朝圣等为一体的综合性营利客舍，这是它的隐在。

建筑的意境多借由其艺术得以强调，建筑艺术总需要凭借材料、结构等技术条件得以确立、呈现，并回应于实际功能、自然环境，并且有相当的独立空间，是当时思想、艺术潮流的指涉。在 19 世纪末以前的外国建筑史上，建筑艺术的发展往往快于功能、技术的变化，而 19 世纪末以前的中国建筑史，建筑艺术与建筑功能技术的变化几乎同样缓慢。建筑创作卓越成就常常借由建筑艺术得以反映，宫殿、庙宇、教堂、陵墓等由上流社会主导的主流建筑的意境强化了这一倾向。直到 19 世纪中叶之后，生产性建筑、大型公共建筑和大规模建造的城市住宅为建筑创作主流，这种情况开始改变。

道观所具有的美学特征，是通过各种习俗相似和相异的对比而凸显出来的。道观之所以能在保持整体性的同时又各有特性，是因为各部分存在都指向传统。

场所中储蓄有历史之力、自然之力等力学特征。场所有时包涵在文本之中（比如在视野与避难所嵌套模式中）。场所的选择体现文本选择者对秩序的回应以及能力的高下。武当山道观群落在几何学上呈离散性配置，以自然地形特色见长的风光再次表达了人类建筑文化对视野的强调，以及宗教建筑以静修之处的方式表达对神的敬意。在地形的制高点上造起修炼之所，场所的选择指向其意境超验层和传统专制型权威。

第四章 功利主义法学与朱棣似的正义之面：四维创造、移转文本

——武当山道教建筑

在本书所涉及的范围之内，我们将武当道教建筑放入移转文本 (D) 的层序之中，因为与其说其建造的目的是为了居住，不如说是为了传播。

移转文本 (D) 是指主要为传播而创建的文本，D 体现了文本生成过程中在 Z 尺度上的四维创造，是文本逻辑框架中文本生成的最高层次。移转文本强调 A、B、C 文本生成的特质，并指向文本移转接受 G 与移转文本 D 的多种可能性。在功利主义法学的研究范式下，法律经由文本生成与传播保护一种能力，这种能力即文本制造者（包括立法者）有目的地辨别或预测行为的类型，并度量何种类型的文本—传播行为能够在最大程度上创造幸福和快乐，并且使痛苦和不幸最小化。从这个意义上，文本—传播的艺术则是指文本作者和传播者创建出有效地表达正义的文本的能力。①

D 态文本强调意象世界层和意境超验层的传播与交流，意境超验层具有心理的真实性，这种心理的真实性与物理的实在性相同。这种本质上隐秘的意境超验层通常借由直觉来把握。对于宗教建筑而言，D 态文本的预设传播接受者是天、地、人、神。D 态空间文本基于其物质实在层的本质，仰赖形式符号层创造有意味的形式以生成和传播特定的意象世界层和意境超验层。

公元 1368 年明朝建立，以恢复传统文化作为核心价值体系，

---

① 《法理学》（英），张万洪、郭漪译，武汉大学出版社 2003 年版，第 167 页。

在生活世界大有建树，重新配置土地资源，进行公共设施与军事工程建设，武力渐强，对外交流增加。其公共设施、大型宗教建筑援引在地化文化与原住民文化，经由传统或创新的物质实在层和形式符号层重新阐释对象的原因、原则或效用，凭借对同质原型的异地再现或同质符号的异质对接创建新的意象和意境。通过这种援引与显性传播目的和手段的叠加，许多 D 态文本得以出现。D 态文本随族群迁徙（境内的、境外的）又成为其他异文化建筑的参照物。

维护民族文化自尊也许是朱棣之于武当铜殿 D 态文本的一个原因：

> "国王法文虽好，可他只讲阿拉伯语。他让大宰相用法语转告我他很高兴见到我……我注意到国王虽完全听得懂法语，却必须等阿拉伯语翻译，因为他的尊严不允许他承认自己懂外语。真是太滑稽了。"①

武当山道教建筑群是这种 D 态文本生成的代表，作为中国古典建筑、中国道教建筑成熟和集大成时期的代表性作品和皇家道场，展现了文本移转（Z）的四维创造特质以及族群迁徙与建筑民俗样态之间的关系：因为具有影响力的异文化族群对中国疆域而言的迁徙在此期相对稀少，业主没有为这项工程而进行国际招标，中国工匠只是在有限的同质文化的区域内流动，王者业主不但认同本民族先在建筑文化，而且正以传承作为治国和民族复兴之道，并使其成为王法的法条之一。

朱棣的武当山道教建筑空间文本对大多数接受者和创造者的呈现，只是主客双方通过纯粹的观照来进行，没有官能方面和理性方面的利害关系。它们在给定的世界范围内比较了聚落、城市空间、设施和居住四种空间原型，以及伊斯兰教建筑、基督教建筑和非中国佛教建筑、中国大乘佛教建筑、中国道教建筑，并最终审慎地选

---

① ［美］乔治·巴顿：《狗娘养的战争：巴顿将军自传》，安春海、肖新文、王立力译，云南人民出版社 2012 年版，第 91 页。

择特定型制——北方族群都城之中的皇宫对南方道教高山之巅的迁徙和在地化。因为在山巅、在皇权和在道场，这些并非集中式的散落建筑物突然获得了宏伟的纪念性。强大的帝国和强劲的王者正需要纪念性建筑物，以对其兵力难及的长江中下游地区传递其王法的秩序（侧重于社会制度与法律制度的形式结构）和正义（关注法律规范与制度安排的内容和影响、价值）。

这种移转文本的生成是功利主义的，因为它包含一种能力，这种能力即朱棣的武当道教有目的地辨别或预测行为的类型，并度量何种类型的行为能够在最大程度上创造幸福和快乐，并且使痛苦和不幸最小化。从这个意义上，"立法的艺术则是指立法者创建出能够有效地扬善抑恶的法律的能力"[1]。

而且，将皇宫原型作为族群迁徙（泛化的）及其建筑文化和历史记忆的在地化建构、道教最高神祇的居所即使是创造性的也是正义的，因为无论是出于功利还是出于秩序考虑，朱棣的武当道教所包容的经验范围内的规则、原则和标准都具有公正性与合理性——他要寓国家治理的法于道教的行动价值之中。

武当道观随后随族群迁徙在亚洲许多地方进行广泛地在地化建构，它从规模上也分为大、中、小三种，大型是宫殿式，中型是宅邸式，小型是风土式。它们是国家治理机制的物化。

第一节　武当山道教建筑的发生

在环境层次，武当道观的建造行为指涉族群迁徙与原住民之间的关联，包括北方族群建筑文化在此地的再现和已定型化的在地化文化的复制。

朱棣以武力建立王权，呈现出武当道主神玄武的化身姿态。玄武是中国人的北方之神和战神，主北、冬，以黑表示，拥有维护神性秩序的法力。朱棣自比为玄武并希望身后作为神祇与父辈一样加

---

[1]　[英]《法理学》，张万洪、郭澍译，武汉大学出版社 2003 年版，第167 页。

入宇宙永恒循环。因个体自觉，以及所具备对时空优越的直觉把握能力，使朱棣对玄武神的敬意或感恩在开拓与后退两个方向得以坚定表达，也是他对此在与彼在的观照，并通过武当道观来传播观照。通过武当皇家道场的创设，尤其是铜殿的架构，朱棣要表达的是：在他的王国里，自然主义之法①与实证主义之法都是有效度的，不论是法的政治维度还是道德维度，二者都从属于对过去的记忆以及对未来的期望。作为富有经济效益和传播效度的国家治理机制配置的一部分，他的武当道场是满足国民个人（包括他自己）的合理需求和要求，并与此同时促进生产进步和社会内聚性程度。这是维持文明社会生活方式所必要的，也是正义的目标。②

然而正义具有一张朱棣似的脸，是因人而异、变化多端的。我们承认朱棣这位真正优越的王者的统治效度，因为他能够经由道教将一系列原则（这些原则应该可以对何谓正义、何谓非正义做出正确而具体的决断）系统化而比较妥善地治理国家，这是领袖或者国家管理者必须具备的修养。

　　"我认为不能以暴力回应。但如果我的朋友加斯帕里说了一句诅咒我母亲的话，他就要预期会挨一拳，这是正常的。你不能挑衅，你不能侮辱他人的信仰，你不能嘲弄信仰。"③

在中国农业社会，君权与神权的联合是有效的。道观指代古老余绪，在对道观的援引中创造着人群的新关联。在各种形式的传统文本、共同体都已解体的现在，全新的群体关系正在被创造、探索。研究道观及其传播的种种信息，我们所谋求的是寻找全新的解

---

① 自然主义之法即内在于人性的理性法，法的本质不在于它的政治维度，而在于它的道德维度，政治权威制定的规则如果违反了基本的正义原则，就不是"法"。

② ［美］E. 博登海默：《法理学—法哲学及其方法》，邓正来、姬敬武译，华夏出版社1987年版，第238页。

③ 罗马天主教教宗方济各谈"《查理周刊》暴力恐怖袭击事件"，载《中国新闻周刊》2015年第1期。

释和词汇。

武当道教建筑的环境认同时期，相当于隋唐及唐末五代。此期武当道教有较大发展，宋代真武神信仰在武当山兴起，武当道形成，与隐修和传道匹配，道教建筑的物质实在层和形式符号层随即完善。真武神话的再造，揭示了此偶像，即价值目标的确立中所必须配合的"善"的实现：道的本质意味着它应该旨在为社会成员提供自由、富足和安全，并力争减少不平等。武当道观强调与上流社会的居住形式认同，因此原型选择（A）世俗空间文本，并将其进行异地重复叠加或再现。武当山成为著名道场，始于其第一道观五龙祠的确立或者权威的参与，它是 627—647 年均州太守姚简所建，涉及公权力运行和社会治理机制的完善，并得到法律的许可，而法律秩序中理性的存在将法与道德必然联系起来。①

武当道观的原型文本早已成熟。

FD. 山西芮城永乐宫为其选择文本。该建筑是在唐代台公祠原址上重建的大纯阳万寿宫的重要部分，1262 年建成，主建筑沿纵向中轴线排列，有山门、龙虎殿、三清殿、纯阳殿、重阳殿、邱祖殿。三清是宫中主殿，单檐四阿顶，平面中减柱多，仅余中央三间中柱和后内柱。檐柱有生起及侧脚。檐及正脊都呈曲线。殿前有两层月台，踏步两侧仍保持象眼做法：以砖、石砌成层层内凹式样。殿身除前檐中央 5 间及后檐当心间开门外，都用实墙封闭斗拱六铺做，为羊抄双下昂，补间铺作除尽间施一朵外，其余的都是两朵。殿内壁画绘 360 组日神。永乐宫龙虎殿兼做戏台，明代时期甚为流行的山门戏台的创建大致肇始于此。

作为武当道观原型，明初的宫殿建筑和道教建筑已经具备相当完备的程式。

ED. 太和殿是明初中国木构架建筑的代表，也是武当金顶的原型文本，它是北京明故宫中最大的建筑，面宽 11 间，进深 5 间，梁柱式结构，横向 6 排柱，前后 2 排檐柱，中间 4 排为金柱，没有

---

① 《法理学》（英），张万洪、郭满译，武汉大学出版社 2003 年版，第 155 页。

中柱前廊的存在使檐柱成为廊柱，前檐外金柱成了金柱即老檐柱，老檐柱是以内进深3间，金柱与托七架梁，前后的老檐柱三步架连接。太和殿的斗拱是上檐用单翘三昂，下檐为单翘重昂。它的特别之处是在上下檐使用了精美华丽的花台科镏金斗拱，其昂尾安放在花台枋上，使之不会下垂。它的重檐庑殿顶体量使它在我国现存殿宇中居首位。

武当山位于湖北省西北部十堰丹江口境内、汉水上游南岸。天柱峰周边是一片广袤的绿色山地，往西是秦岭山脉支脉；往西南是大巴山东端主峰大神农架；往北是汉水河谷。天柱山高约1612.1m。武当山道观的布局可分为东神道与西神道两路，西路在唐、宋时已开发，东路是永乐时新建。武当山险峻的地势使它成为一个天然要塞。

武当道观的基址因而饱浸于历史长河之中，赋予该地一种象征性，并将它包裹在某种强烈的情绪中。朱棣对这一基址弥漫的气氛及其各方面因素格外敏感。"这是一方朝圣之地，但是有些事比人们通常能想到的更深。"①

武当道教因场所和景域具有强大的物理之力与历史之力并与道教教义融合而吸引了道教信徒前往居留，不少道庙被帝王册封。但这种意象性缘于他们自身而不是先验自我或纯粹意志，身体的存在是前个体的和前反思的。

武当道教建筑的环境定向阶段，即东汉以前，山上就有众多道士、方士潜隐修道，他们起初是离散的。道教出家、修行制度在金确立后，其叠加的隐修之所随着道教仪式的完善而定向，这些组合应当包括当地成熟的乡土建筑、与道士群体中居于支配地位者历史记忆相关的他乡建筑形式，他们分别或共同观照异地和异域的建筑文化特征，因为道士共同体的大多数具有丰富的迁徙经历，这种经历赋予他们种种异文化储备与广阔视野。

魏晋南北朝，道教正式的宗教形式得以呈现，并通过援引原住

---

①　[法]丹尼尔·保利：《朗香教堂》，张宇译，中国建筑工业出版社2003年版，第13页。

民及其迁徙族群建筑原型完成其外在定向。武当山的景域因吻合了更多修炼者、学道者、隐居者的欲求和历史记忆而被选择。道教的确立要求有与之相匹配的一整套宗教仪式以及举行这些仪式的建筑空间，所以这个阶段该地区的道教建筑在前期的基础上有了新发展，各种功能空间的配置开始出现并日益完善，其基本原型是东方世俗方院。

除了存留至今、早年在地化的西南亚旧习，因为目前考古资料和实物留存的欠缺，我们尚不能够确切说明当初道教建筑的具体空间形式，但那种因主导创造者所决定的与迁徙相关的文化因素或有意味的形式肯定是存在的。因为无论是精神活动还是物质活动，决定其取向的是人的身体存在和精神存在，尤其是作为人的本质特征体现的身体，它是人据以与对象（比如特定民俗）建立关系的根本方式。而人类的身体具有巨大的同质性，这让人类观照同类的相关文明成果成为可能，将这种可能变为现实的主要的路径是族群迁徙及其在地化文化的构建。

武当山道教建筑场所多变的地貌，神秘、独特，阻挡了来自密集人群的纷争并形成规避世俗干扰的边界。情景图式由此生成，与指向神明的物理时空与心理时空同在并构成禁忌，这种社会规约形态开始关涉种种共同体、结合体和个体的内在与外在关系。

武当山道教建筑几何学上所呈现的离散状态或努力保持距离的意境是道观、庙宇显性的存在方式，它同时指涉中国诸多事物的存在方式，对于朱棣而言，尤其指神的崭新而且独一无二的大能与远象，这是武当山等宗教建筑获得珍视的意境超验层层序上的原因。分散的事物在意境、风土中可以拥有独立与协调的意义，这也包括道、仁、义、礼、智、信等，我们在文本接受时，要为新生分散事物准备好空间。

明初是中华域文化建筑发展盛期，也是木构建筑成熟期，这个时期的作品是中国木构建筑的集中表达，但基本上仍强调传统习俗的穿斗式和抬梁式屋架结构。由于明初以前中国社会、政治、经济的变迁，木构建筑尤其是宫廷建筑、宗教建筑的精神与艺术构成发生相应变化，这些庄严或神圣的建筑因其在此前业已完成的环境和情境上的定向和认同，以及意境上的认同和定向，更加准确地体现了人类的秩序以及神祇的崇高；在设计上进一步理性，《营造法式》等文本已经出现，柱网排列基本没有减柱或移柱，使建筑设计建造的效度进一步提高，并进一步限制了设计者的主观取向；梁枋技术停滞，斗拱功能性衰竭并演变成纯粹的装饰品，木构件外形的艺术性减弱，侧脚与生起等功能性、艺术性并举的构件式微，这些技术性演变主要体现于官方建筑，以及以此为原型的宗教建筑，民居则坚守传统和创新多变两向并陈。这是人类建筑史的共同规律——变化是少数的。总的说来，是持续缓慢地发展。粗柱、大柱大量出现，梁枋也用大木料，拼合构件技术因大木材原料日益匮乏而出现，并导致建筑外表油饰彩画技术的兴起。抬梁式、穿斗式仍被明初大型建筑所广泛采用，尤以穿斗式构架的应用与发展为主，而木构架屋顶的设计与建造，硬山、悬山、庑殿歇山的众多重构与技巧，反映了工匠设计者对往日习俗的传承及其在新的社会历史条件下的创新以及新的营造民俗的形成。

除了中国本土建筑中的北方皇家建筑，武当山宗教建筑的重要参照原型还有整个东方建筑，尤其是西北亚的世俗建筑。这些空间文本同时观照了其先在与共在的东方建筑文本、西方建筑，比如希腊建筑文化在东方的在地化文本，还有对这些地区代表性建筑的选择，这些域文化及因族群迁徙或族群文化在空间上移转而构建的宗教空间文本，共同构成了武当山道观建筑可供选择的文本层体。

朱棣对内强调援引传统、对外扩大交流的价值理性进一步为武当道教定在的情景图式提供了新的意象和意境。

明初，为了民族复兴，具备强烈在地化文化特征的北京元故宫物质实在层被毁掉，因为元大都是族群迁徙及其历史记忆和文化在地化构建的典范之作，包涵众多迁徙族群的显性经验，具有国际视野。在南京征发全国工匠 20 多万人建宫殿，朱元璋的选择强调了弘扬原住民文化的主观意义和当时的民族意识，但在强调恢复原住民历史经验和传统的同时，也从多重角度观照迁徙族群的在地化文化，因此其天子郊祀，祭天地和五谷神，重整坛庙制度等公众活动具有了新的文化内涵。其实，这些所谓原住民的先在共同体及其联合体之间的关联方式，也有早期在地化文化的成果。40 年后，朱棣迁都北京，在元大都重建皇宫，社稷坛、太庙、天坛都是明代首创的大建筑族群，进一步观照东方文明中相关客观知识，尤其是天坛的规模与形体。朱棣的功利主义国家治理机制的逻辑是建立在以下基本假设上的：

1. 个人的幸福，是在安全、富足、秩序的总量的增值大于危险、贫困、动荡总量增值的情况下随之增加的；

2. 社会的普遍利益是由皇家、重臣的利益集中体现和主导的，经由个人的生活时间去实现的；

3. 当社会个体成员的全部幸福总量增加到相对其遭受的痛苦更为显著的程度时，社会共同的幸福也随之增加。

这是古老王权的一个共性：

> "王宫占地少说有几百公顷，20 英尺高的宫墙四周环绕，据称建于 1300 年……进入官门后，我们穿过约有半英里长的土著棚舍区。里面显然住着国王的大臣以及他们的大群家属。王宫是一座庞大的摩尔风格建筑，高 3 层，官门仅能容纳一辆汽车通过。官门左侧插着绿色的回教旗。它是用天鹅绒做的，镶着金边，中间有一些阿拉伯文字。一进这第二道官门，有一个我看像大宰相的人在恭迎我们。他身着白袍，头巾底下还衬着一方有金丝花饰的绸巾。他留着山羊胡，还有一口我从未见过那么多的金牙……谈话结束后，我会见了那 12 名大官儿及其候补人员，共 16 人。他们都是各省市帕夏。帕夏好像是个终身官职，因为他们中年龄最大的已 92 岁，最小的我看也有 70 岁。他们穿着白袍，没穿鞋，看来平时最是养尊处优，颐指气使。"①

以上是巴顿 1942 年 11 月在非洲所见的一个伊利斯皇宫的简略刻画，可能会对我们想象我国明代皇宫略有启发。明初，经济复兴，汉族工匠技术水平大增，工商业有长足进展，大建筑群大量出

---

① ［美］乔治·巴顿：《狗娘养的战争：巴顿将军自传》，安春海、肖新文、王立力译，云南人民出版社 2012 年版，第 90—91 页。

现，工艺精良。明墙多用临清砖，重要建筑多用楠木柱，木工、石刻。梁架用料比宋时规定大得多，瓦坡比宋时陡，但宋以来，缓和弧线有些仍被采用在个别建筑上，如角柱升高一点使瓦檐四角微微翘起，柱头的卷杀使柱子轮廓柔和许多等造法和处理。但是在金以后，最显著的转变是，除在结构方面有承托负重作用外，还强调斗拱在装饰方面的作用，在前檐梁柱之间把它们增多，每个斗拱同建筑物的比例缩小了，成为前檐一横列的装饰物。明初的斗拱密集纤小，不如辽、金、宋那样疏朗硕大。

HD. 对真武神话的创造、对儒教的建构进一步巩固了武当山作为皇家道场的地位，它指向实在、现在与定在，是自我与非自我、物质与精神的多重叠层，尤其是国家社会治理机制的物化。武当山在北宋时已有大型道观；元代皇帝也信奉玄武，1119 年至 1125 年，建成紫霄宫，有备殿、堂、廊、庑等，元代重建，有 860 间。从现今留存的元代空间文本的整体风貌推测，元代官方建筑的创造者和接受者具有相对广阔的对异文化的包容性，所采用的建筑形式应该观照其族群的历史记忆以及先在的在地化文化构建习俗，但在武当已无实物留存。

DH. 1285 年至 1328 年建成的南岩宫石殿从物质实在层上再次打破汉文化的边界，但借由文本选择创造形式符号层，延续习俗；其蕴涵巨大物理之力的视野与避难所的嵌套模式，引导人们超越物理时空进入心理时空，指向道教的意境超验层。

以武当道教建筑空间文本对教义和其业主朱棣价值理性进行的复述，隐喻中国人经由各种遗传力量、社会历史形成的文化心理。

第二节　武当山道教建筑的发展

武当山道教建筑的情境层次进一步强调移转文本 D 的特征。D 态创造不仅强调我在与他在的传播关系，也关注实在、现在、定在之间的关系，体现了现实性与可能性的关联。D 态的武当山道教建筑群从 Z 尺度上体现了同质文本异地移转的后果，通过政治理性与实用艺术的参与，朱棣使道教建筑及其场所获得前所未有的和谐、优雅和高贵。但此时就中国道教建筑总体而言，发展势头停滞，总体规模缩小，因此皇家道观的经济效益更高。

朱棣意欲于武当再现自己的皇宫，以便借此再现王权的情景图式，是以一种特定的情感强度为标志。为了使一个社会控制体系成为一个法律体系，而不是与之相对而言的强制体系，它必须将特定的一系列原则所表达的某些程序性目的看做其目标。①

武当山道教建筑的情境定向阶段，许多在中国早期社区盛行的崇拜物和神系，也随着道教的兴盛而被道士们纳入道观以吸引香客、扩大信徒。大的道观由于兼有祭祀和教学功用，很快占有大量社会资源与自然资源，在社会各差序的共同体以及联合体的博弈中占有越来越大的权重。

道教建筑占山之俗将被假想为神圣空间的具象和实际地形融合，道教建筑既是建筑的风景也是场所的风景。这种既是物理性的又蕴含了各种各样的"场"所包含的深意的神所，能轻易得到认同并具有传播学上的穿透力（见图4-1）。

图 4-1 佛殿大屋顶与菩提构成显性与隐性的"场"，菩提树代表佛悟道，祖庭是显性的 D 态文本：物质实在层、形式符号层指向意象世界层与意境超验层。

———————————

① 《法理学》（英），张万洪、郭漪译，武汉大学出版社 2003 年版，第 155 页。

在这一阶段，武当山道教建筑在 W、X、Y 的基础上进行了复制与叠加，在 Z 尺度上强调了文本的 A、B、C、D 各个层序的特征。

朱棣援引武当道教，关涉其历史记忆和生命形式。帝王气度造就了他获得君主的地位、造福天下的勇气与智慧。一般而言，社会有权赋予个人以地位，而个人在争取某一地位时会极力表现出最优秀的一面，观照社会，只有如此才能获得他要的位置。朱棣要获得皇权并希望得到神佑，而真武是北方之神，因此成为镇守北方的藩王朱棣的自喻（二者处于同等地位）。称帝之后，出于对神佑的感恩并基于帝王特有的生命形式，他认为宗教以及宗教建筑在中国这一自古就缺乏信仰的民族中尤其值得珍视。

> "这件事不是因人说了才兴工，也不因人说了便住了。若自己从来无诚心，虽有人劝，着片瓦工夫也不去做，若从来有诚心要做呵，一年竖一根栋起一条梁，逐些儿积累也务要做了。"[1]

朱棣关涉武当道教建筑的情感强度由此可见。拥有这样情感强度，能支配社会资源的人往往就是 C、D 的肇始者。

> 大卫吩咐聚集住以色列的外邦人，从其中派石匠凿石头，要建造神的殿。大卫预备许多铁，做门上的钩子；又预备许多铜、无数香柏木，因为西顿人和推罗人给大卫运了许多香柏木来。大卫说："我儿子所罗门还年幼娇嫩，要为耶和华建造的庙宇，必须高大辉煌，使名誉荣耀传遍万国！所以我要为殿预备材料。"于是大卫在未死之先预备的材料甚多。[2]

---

[1] 杨立志：《武当文化概论》，社会科学文献出版社 2008 年版，第 171 页。

[2] 《圣经》，汉语圣经协会理事会翻译，汉语圣经协会理事会有限公司 2004 年版，第 694 页。所罗门所造神殿，成为当地此类建筑的肇始。此前的神所都是会幕（会幕，一种以专门用于会议的帐篷为原型的供奉耶和华的帐篷）。

朱棣与真武神的成功融合关涉二者物理时空与心理时空，这种融合直接投射在武当道教建筑群物质文本之上，这皇家道场内重复的主旋律可以看做象征或者心理暗示。

中国每个特定时空的君王往往会对某一神灵情有独钟。朱棣、真武神分别强调了三种主观意义：首先，既然真武是一步步修炼飞升而成仙（这只不过是道人低劣的造神门径，它源于对世俗社会更替规律的直接搬用），达到了他修炼的最高境界，朱棣何以不能通过自己的文治武功成为一代明君？其次，文明史历来是神、王、英雄同构的历史。"强者就是真理。"① 最后，天意如何体现？成规就是天意？成规因种种或光明磊落或阴毒龌龊的动机或博弈结果而产生，不能与天意等同。朱棣认为自可代表天意，但他必须借助一定的修辞来表达他的"道德渴望"，即法律体系，他主修的武当道教建筑群就是他的篇章。

从民族文化心理和素质养成来看，中国历史需要这种悲世的情怀和对神的虔诚引领，宗教能使心灵变得高尚。朱棣在武当山进行信仰重塑，首先表现在道教建筑上。作为业主，他的神所要能与他的政治气度、生活风貌相匹配，并隐喻一个超越困境、达到主观意愿的主题、家族或民族的意象与意境。武当道观建筑群及其包含的所有偶像即所有掌握特定资源的权威及其他们的华丽住所都在向前往者传播一套治理系统：使得公民能够根据这套系统推断自己的行为将引起体系的何种反应。这样，正如富勒所言，他们可以相对自信地将规则适用于自身，并确信自身行为带来的后果。这是另一种代表一切必然性的意象。这种远达人类尽头的目的性实际上揭示了治理和创造生活世界的奥秘。

明代北京的太和宫体现了以华夏风格为主的东方式宫殿数千年的共时性，也是远古与近古关联的历时性浓缩。

武当总体规划观照古代陵墓以少量建筑控制大片陵区的布局原则，神道关联了离散的单体建筑和院落，几何地强调了神话的情景图式。

---

① 在牛津城的城徽之下雕刻着一句话："强者就是真理。"

通过灵活模仿和自由组合先在文本原型，借由新的场所与接受者形成现在与定在意象世界，武当道教建筑在一定程度上复述了稳定与创新、传统与现代的共在关系，因为武当道教的皇家建筑形式符号层对农业帝国时代的绝大多数接受者尤其是在远离京畿之外的人而言难得一见。为了强调自己与玄武神同在与同盟，以及庆功与感恩，为了奠基新的旅游业，收获宗教经济的巨额利润，为了构建新的皇权崇拜，朱棣划定包括铜殿等道观、周边地区、远处山丘、水面在内广大地产为皇家道场，这一行为所包含的愿望和功能不能排斥其超俗的圣洁成分，同时具有巨大的经济收益。朱棣在"靖难之役"中称自己为玄武附体、为正义而战并最终取胜。他登基后的一系列政绩进一步强调其正义的一面，以诸神陪祭的方式强调民族融合于天下统一的政治实在性，多神论传承了中国传统儒、道、墨的人文理想。

ZD. 玉虚宫规模最大，面积为 170m×370m，沿轴线设置桥梁、碑亭、宫门四重及前后殿。前殿面阔 7 间，进深 5 间，尺度居武当山各建筑之冠。殿外在玉带河前辟有广场供阅兵及操练。

紫霄宫在东神道的南端，天柱峰东北的展旗峰下，前有"S"形溪流，象征太极。宫中建筑均依主轴线次第建造于叠层平台之上。由山门、御碑亭、龙虎殿、紫霄殿和父母殿等构成。紫霄殿是紫霄宫的正殿，面阔 5 间，重檐歇山顶，也是武当山现存的惟一一座重檐歇山顶木构建筑。大殿由 36 根木柱支撑，殿内额枋、斗拱彩绘。殿顶藻井有二龙戏珠浮雕，四周是八卦图。紫霄宫后为父母殿，面宽 5 间，清代重修，用来供奉真武神的父母。御碑亭是重檐歇山顶，四方各开拱门，这种单层四门塔的习俗援引了隋唐佛塔旧制，是对印度佛教建筑的原型选择。

太和宫建于 1416 年，有朝拜殿、钟鼓楼、古铜殿、皇经堂等。朝拜殿 1412 年敕建，歇山顶；朝拜殿两侧是钟楼、鼓楼；古铜殿铸造于 1307 年，仿木结构，悬山顶，镂刻有大量铭文，殿内供奉真武、金童、玉女、水火二将且都是铜铸。太和宫北面山顶为紫禁城，1419 年建造，以巨石条筑成，有东、南、西、北四门。三面面临绝壁，南门称南天门，有三个门洞；中为神门，高大肃穆，为皇家专用；右为鬼门；左为人门。灵官殿全部用锡铸成。

在武当道教建筑的情境认同时期，完成了武当营建工程的主体部分，包括5大宫以及其他20多处宫观。地方志中说，朱棣下诏书勉励从事工程建造的工匠、政府官员：

> "恁官员军民人等，好生遵守着我的语言，勤谨用功，不许怠惰，早完成了回家休息。"①

武当山道教空间文本还包括石刻道窟，表现出对印度早期佛寺客观经验的观照。武当山道观主神殿的神龛与神像，一般为印度常见的穹隆顶支提窟型制，以及印度风格的火焰形卷门，并经过在地化重构，延续云冈石窟石刻浮雕传统，且进一步发挥云冈石窟后期的佛像排列风格。这里道教殿堂的梁柱结构沿用自商代安阳而来的原住民传统汉式梁柱成熟系统。长方形的神殿三面墙有龛，龛内有神像，也是大乘佛教常见的风格。强调在地化文化的符号随处可见，比如复真观龙虎殿的花瓣形大门。

武当的朝圣集会在王者朱棣对其表达关涉之后迅速达到鼎盛。武当道观因此成为功利主义或定量快乐主义表达的场所：来这里人们可以最大程度地感觉到快乐或善（如财富、权力、友谊、美誉和学识，应被追求达到最大化），最小程度地感觉到痛苦或恶（包括贫困、仇恨、骂名、恶意、恐惧等，应被减少至最小）。② 这正是业主朱棣当初的预设效果。

中国有两条性格不同的大河流，每年春季新生命就循环再生，但人的个体生命不可再生，作为此在对彼在与自在的思考，道教认为生命的本质在于现世的生活质量，如何才能不死是它关切的重心。在宇宙永恒的存在中体验我在，保存人的实在个体成为道教的

---

① 杨立志：《武当道教文化》，社会科学文献出版社2008年版，第181页。

② [英]《法理学》，张万洪、郭澍译，武汉大学出版社2003年版，第165页。

主要目的，个体的物质性存在是永恒精神的栖息处。

在 14 年里，朱棣颁布了 30 多道指涉宗教建筑、神职人员、工程管理的赦谕以观照工程进展，强调新建道观的环境定向和认同必须观照自然形式，让潜在于大自然的某种愿望得以物化，完善其形式符号层以创造新意象并适合于传播，体现了该时期武当山道教建筑业主 Z 尺度上对建筑文本的强调和预期效用，该效用应该是一个引导性的标准和评价所有行为的基础。以治理国家的机制来衡量，这种效用应被理解为某一目标或行为的性质，应该是一方面倾向于创造某些善、满足、幸福或利益，另一方面又能避免或减少痛苦、灾祸或损害。

武当山道观的大殿一般呈长方形，通常有圆雕偶像、神仙壁画，其中普遍具有印度—阿富汗艺术流派风格及犍陀罗艺术流派风格（信奉佛教的贵霜王朝中心地带，今之巴基斯坦），受西亚、希腊化风格的强烈影响，是典型的在地化文化实在。其多层多龛是印度多层楼居室的在地化。

武当山道教建筑的斗拱已成为仅可辨识的符号。斗拱的装饰意义与结构需要之间的脱节程度，划分了中国后期建筑的发展阶段。这一时期佛殿中心区一定是奇数间，由柱子界定，以隔板相隔，强调唐代旧俗。在唐代中心区宗教建筑佛殿多超过 3 间或 7 间，木构架系统已经发展成熟。宏大庙宇因属皇家所以屋顶用贵族宅邸绿瓦或皇宫黄瓦，柱子朱红。这些习俗自唐代已在中国流行。

武当的铜殿（铜铸镏金）位于主峰天柱山顶，照临武当方圆 400 余公里，面宽、进深各 3 间，高 5.5m，铜铸仿木架构，宫殿式建筑重檐庑殿顶，正脊两端铸龙吻。其斗拱于下檐为 7 踩，上檐 9 踩，均施双昂。内供真武铜像（朱棣真像），并有玄武（龟蛇）金童玉女像和水火二将。殿内神像、供品、供案均为镏金铜铸，纯以仿木构梁柱为饰，成为独特的 D 态文本典范，被公认为现存最重要的表达对玄武神虔诚之意的纪念物，其携带的皇家威仪让所在场所成为武当山景域的中心。这种建中立极的宫殿缩本及场所，用于引导观想：皇帝坐拥天下，这就是他的疆域，是他承天命与神祇和谐长存所培植的国家。业主预设金殿和武当山道观布局超越人间的影响，体现人尤其是王者意志和神祇之力的永远一致和嵌套，所以朱棣经由铜殿要表达的是自己已经操控自如的自然主义之法、实证主义之法以及两者的共在形式，即历史主义之法对国家治理、社会公共福利创设的同等意义。朱棣甚至已经精确地预测到了他所创设的武当铜殿的行为结果——传播了他及其国家对神的观念（他们的意志和力量），对不可见世界的看法，并计算出其促进国民快乐、避免痛苦的程度。如今这些历史文物建筑已经超越了其业主的预设，饱含着从过去的年月传下来的信息，不断地增加着当初创设的善的强度、持久性、纯度及再生性，是人民千百年传统的活的见证。

庑殿式屋顶是现存宫殿中大殿的典型样式，这种习俗源于汉代以后。屋顶两端的脊饰为龙形，由正脊突出的花草还配有象征水的传说动物，作为防火的象征。同时，龙与蛇因为具有最美的线条"蛇形线"而成为人类重大建筑装饰的母题。

金殿后方是父母殿，内供真武父母，形成一组位于山顶的二重院落。铜殿在实在、现在和定在三种时态上强调了中国宗教建筑的巅峰状态。

除武当山道教建筑以外，父母殿的设置尚不多见①，它从一个侧面强调了武当道观移转空间文本的特性，即对接受者历史记忆的认同、强调和交流。感恩连同对隐性力量的恐惧与敬畏植根于人们的意识或潜意识之中。

一些个人在民俗的形成过程中往往具有决定作用。安条克以希腊化管理以色列，将希腊的传统文化带来并变更形成了以色列习俗新导向。15世纪的中国社会，朱棣所具有的个人能力和社会资源与武当山建筑的嵌套，生成了那个时代最高形式的道教建筑文

---

① 东方世界自人类源头就有宗族崇拜的习俗，因此源于东方的天主教、基督教、佛教中，对父母尤其是对母亲的祭拜是祭拜的母题之一，因为这些宗教的诸神比如耶稣、佛陀等都曾身为人子，母爱以及对母爱的回报是他们重要的历史记忆和生命情景图式。但一般的宗教建筑中母亲多以偶像的形式与诸神共在一个空间。玄武崇拜援引了这一形式，并加以强调，为父母建造自在空间、独立设殿。

138

本——武当铜殿，开启了新习俗，传播了新意境，并尝试了能够带来最大多数人的最大幸福这样具有普遍影响的政治传播行为，包括只颁布那些具有同样效果的法律。如莱斯特·沃德所言，他的行为是正义的，因为人生而不平等，但朱棣力求经由道观使人"得道"，从而设立"社会（对那些从自然角度来看并不平等的）条件所设定的一种人为的平等"，力求实现社会成员之间机会的无限均等。

道教建筑群赋予场所新的历史力。我们在观照空间文本的话题下论及精神世界有其正当理由，精神世界虽然隐秘但确实具有其客观性的一面，它在很大程度上并不受意识的支配，有许多情节超出我们的抑制能力，但它支配我们的创造。武当山实际就是那样一个地方，由于原先存在事物和观念的抵抗，理性并没有充分给予激情和个人及团体利益以新的增进的广阔空间。但大规模的族群迁徙，尤其是异质族群迁徙往往打破显性或隐性的边界，比如朱棣皇族历史记忆之于武当山道场的迁徙和在地化建构及其隐喻。

> 那时是巴比伦王第八年。巴比伦王将耶和华殿和王宫里的宝物都拿去了，将以色列王所罗门所造耶和华殿里的金器都毁坏了，又将耶路撒冷的众民和众首领，并所有大能的勇士共一万人，连一切木匠、铁匠都掠了去，除了国中极贫穷的人以外，没有剩下的。并将约雅斤和王母、后妃、太监，与国中的大官，都从耶路撒冷掳到巴比伦去了，又将一切勇士七千人和木匠、铁匠一千人，都是能上阵的勇士，全掳到巴比伦去了。①

对于农业社会，人们涌往一个宗教旅游中心的目的是施行某种他们坚定信仰着的或准备虔诚仰赖的仪式，这些仪式在另一个场所或场景是不可能施行的。武当道观成了随着时间而变化的关于道教

---

① 《圣经》，汉语圣经协会理事会翻译，汉语圣经协会理事会有限公司2004年版，第496页。

想象的全体。其存在是基于隐性知识和理性知识基础之上假想的存在。

武当道教建筑立足蕴含巨大力量的场所，却并不具备巨大的人工构筑物象。巨大的形象令人惊悚，庞然大物的实体物质影响人的精神，让人感到压抑，形成崇拜的起始点，显性文本开始观照隐性心理，甚至灵魂。灵魂指涉神秘、恐惧、生命源泉，这是心理学的一般常识。而就作品与场所的总体而言，武当道教建筑观照宏大与微小，指向宗教的意境超验。

矛盾是现象变化的原动力，为了解决矛盾，事物必须有新的发展。对于道教建筑来说，其根本矛盾就在于必须在本身的空间设置中表现出对新教义的适应。为了解决这一矛盾，就必须在其空间文本的构建中提出新创设，让这些想法和办法诱发出潜在的自然力并使之物体化，形成与之对应的社会与建筑秩序。

由此，为了信仰和仪式，人们将具有各自特质的空间配置在一起，形成了富于变化的圣所的群像，在世界各地各个域文化中形成了同质或异质的圣所之网。因每个部分能解决不同问题，整个圣所才呈现出如此自如的样态。武当道观也不例外。

而对于铜殿而言，借由当时中国建筑空间文本构造中最高级的物质实在层（铜铸镏金）、形式符号层（实在的皇宫），它实际上拥有了显性与隐性的价值。至此，智者朱棣的个人理性与"道"牢牢嵌套，成为衡量正义与非正义的标准：按照理性给予每个（在场的）人（包括同胞、政治同盟、全人类）以应得的东西，而不仅限于家庭、亲戚。

第三节　武当山道教建筑的成熟

武当山道观的意境层次阶段，约略相当于朱棣完成武当道观修建以后。

当一件文本被创造出来之后，就脱离了创作者原意，按照其自足的生命存在。朱棣重建的、为传播的武当道观就是这样的文本。

武当道教建筑卓越的意象世界层、意境超验层构建得益于场所的物理之力和历史之力，以及对特定原型的援引。原型的价值理性导引着创造者和接受者，唤起比创造者和接受者的主观创设更深远的意境。一个在新场景，用传统叙述的传播者是在同时面对千万个人甚至千万代进行叙述，用一个共同体的力量在说话，他揭示、凸显并提升所述观念，使其超出或然进入可然，并由于接受者的变更而创造了新的心理、新的意象和意境。它将个体（比如宗教建筑）的命运转化成或族群或民族或国家的命运，它在接受者、创造者身上唤起对自己共同体关注的力量，正是这种力量保证了物理环境的稳定、依存于物理环境的文化的稳定。

这种原型意识，是文本生成的奥秘，也是古老国度、古老民族与世长存的奥秘，它导引我们皈依我们族群最深的渊源。人们越来越认识到人类各种价值的统一性，从而把古代的纪念物看做共同的遗产。①

在武当道教建筑的意境认同阶段，国王朱棣身兼行政首长、军队指挥官与所有庙宇的业主，并借由令人畏惧的官僚政治来统治王国。在极有建树的众多大型营造中，他所建造的王殿重新强调国家治理秩序，而非技术拓展。将自己的居所进行复制，将武当山恢复成皇家寺庙，他表达了观照天、地、人、神四大主体的主观意义，这种表达是某一主体的意向性活动，也是主体的生命形式在隐性经验和显性经验基础上对主体间交流的观照，更是一种国家治理机制的物化。朱棣借由皇家建筑指向的对道教的怀柔，是人类一切帝王优越智慧中最常见的一种。这让武当山道教在长江中下游地区一度有了"国教"的垄断地位，他借此传播的一系列原则得到了社会中绝大多数人民的普遍接受，并由此产生解决不公平问题的共同同意。而朱棣作为王者对文化遗产的保护和对自然环境的保护已经福及自身及中华民族来日的生存。

道观神殿巨大神像的风格，来自巴米羊（Bamiyang）的影响。巴米羊位于丝绸之路西端，在现今阿富汗境内。

---

① 参见《马丘比丘宪章》（Charter of Miachu Picchu），为国际建筑协会于1977年年底在智力首都利马会议期间发表的一份关于城市的纲领性文件。

明世宗于 1552 年决定专门设立重修工程的管理团队，包括众多朝廷和地方官府要员及财主。此时出于经济考虑，所需建材就地获取，资金主要由湖广地方政府承担，工程的目的在于修缮。

武当山道教建筑在对地形的把握中再次强调了道教建筑对山与谷的偏好，建筑在这种物理环境下的表达清晰可见，建筑物布局的内涵变得浅显易懂，并提供种种异质的人类个体或群体活动的场所，这种场所因功能和时空之别呈现不同的风貌，表现各地民俗文化。

> 北也门首都萨拉给我们的直觉是一座纯粹的非洲城市。建筑群外墙质感表露当地风土的质感。我们并不认为这是一座落后的城市，也不认为这是一座愚昧的城市，恰恰在当地的地域风土体现方面，体现了北也门的地方文化特征。
>
> 巴西里约热内卢依山傍海，整个城市轮廓线的标志性景点是山顶耶稣巨型雕像，形成了一个城市宗教文化的经典视觉构成。
>
> 麦加是全世界伊斯兰教徒心中的圣地，朝圣场所的情景以及圣徒顶礼膜拜的景观，可以看到麦加这座城市所体现的伊斯兰文化特征。①

道教教义作为宗教确立之时广泛援引佛教、犹太教、婆罗门教、伊斯兰教的教义教礼并观照世俗秩序。武当是玄武发祥地，所以成为圣地；民间的自然神（山岳、水域、土地、城隍）圣地也发达起来，道教的意象世界层、意境超验层的情景图式再次被刷新。

武当道教建筑空间文本作为中国古典建筑的移转文本，专注于旧秩序的强调与新世界治理机理的具象表达。当族群在地化文化处于强势地位时，包括空间文本的再造，更多地强调 C 态、D 态或

---

① 张在元：《中国空间思路》，中国建筑工业出版社 2007 年版，第 159 页。

CD 态的创造以及 Y 尺度、Z 尺度或 YZ 的接受；一旦这种在地化文化欠缺或弱势或与原住民文化过于同质，文本创造时更倾向于 A 态、B 态或 AB 态，以及 W 尺度、X 尺度或 WX 尺度的接受。对于武当道教建筑群，新结构的出现随着各代文本的严格复制被一再延宕，这是中国建筑空间文本迈向完美过程的最大阻碍。由于过分强调官造，中国古代建筑者常常忽略了智性的抽象化、程式化对创造力、生命力的抑制力。

中国古代建筑的结构逻辑通过武当道教建筑物的一系列结构脉络得以集中强调，这种强调观照了移转文本 D 的意象与意境，以及原型接受 A 的目的理性。这种反映是具体的、物理的（整体上、构件上），也是概括的、心理的（意象上、符号上），它不完全是真实的，但一定是合理的。它要求建筑物构建和它们的相互关系在外观上符合结构的原则，反映它们在荷载传导体系中的作用。结构逻辑保证建筑物形象的易明性和条理性，保证它的理性。它是关于建筑艺术的形象判断和理性判断的结合点之一。

大胆构思产生独具特色的建筑文本，比如牛津乡村小教堂、船形屋，这种对实现的想象力是技术性的思考，但它关涉传统习俗。借由这些创造行为，文化得以创新与增进。

移转文本武当山道观因复制王者住所而获得了传播的最高效度，这种定向隐含种种稳定范式，但首先是社会秩序。

武当山铜殿从其四重构成（物质实在层、形式符号层、意象世界层和意境超验层）和生成的目的而言，属于一种独特的 D 态空间文本，实为一狭小、幽闭的私密空间（专供玄武居住），但接受者从这个神秘区域获得广阔明亮的视野时，神秘感就具有了积极意义。

古代建筑关涉某种程度的秩序，权力阶层希望这种模式永世流传，即使今日，打破道观这种稳定性仍是不可指望的。

在武当道教建筑的意境定向阶段，其物质实在层能在此期间得以保存、传播，客观上强调了接受者的认同。尽管此时中国社会对外的和平交流已有增进，携带异质建筑文化的迁徙族群数量仍十分有限；尽管长距离的文化交流持续不断，但几乎没有对中国建筑尤

143

其是官方道教建筑产生决定性影响。

道观空间文本的特定形式符号与武当山自在的场所叠加效应产生了道教的意象，并进一步指向道教建筑的意境。信徒们在静思个体的内在与外在样态时，也会因主体与这种具象的连续相互投射以及超验的直观而沉思与自然、超然的共在的关系。道观营造环境，同时提供山地场所内的起居处，作为接受者起居、沉思和览景之用。

在此期间，武当山道观成为中国中部地区甚至更远地区的香客、游客希望观瞻的圣地。这种影响是双重的：淘刷了它的精神实质并增加了它的经济效益，道观的功能和习俗正在潜变（僧侣因忙于打理财务而放松内省）；道教空间文本成了道与历史的遗骸，历史性与文化性与日俱增。

武当道观是对给定时空可取生活方式的诠释。然而什么生活方式是可取的？作为宗教空间文本的道观，其自主性与完整性在近代正逐步衰微。道观文本需要在传播中创新、发展、反映建筑新技术、新工艺、新思想、新伦理。在中国的一些地区，比如西安、郑州，佛教建筑的实验性文本在20世纪90年代初已经问世，但道观仍沿用旧制至今。

> 我倒希望有年轻的建筑师能设计出新型的道教建筑，既有新意又能和老建筑对接，就像我们的道藏阁①。你总不能把一只猫变成一只狗，啊不是，是变成一只鸡吧？把一只猫变成一只狗还好一点。西安前些年有个新修佛寺，就是你说的那种试验性建筑，大家都觉得不是那么回事，所有搞古建筑的老专家没有一个赞成。是的，中国至今没有一个试验性道教建筑，而且近期也不会有。②

---

① 一栋引入哥特式长窗、西班牙铁艺、佛教装饰题材、古希腊柱廊等配置的20世纪初的D态建筑文本，位于武汉市长春观。——作者注
② 选自本书作者对湖北省道教协会会长王平先生的访谈。他实际上是湖北省所有传统道教建筑的把关人和守护者。

建筑的伦理功能衍生自"精神气质"，精神气质就某个人而言，意指他（她）的性格、性情或品质。对于社会的精神气质，是指统辖其自身活动的精神。对建筑伦理功能，指它帮助形成某种共同精神气质的任务。道观在经过20年的后现代主义、结构主义和解构主义的实践后，仍了然独存，并因年代日久以及空间上的离散与时间上的关联而重新点燃人们的热情。

以何种类型进行文本创造与接受，或者说在文本传播中如何处理传统与现代、稳定与创新的关系，它不仅对建筑与城市，对个人与社会也同样重要。

在通常的环境下，空间文本之间是相互呼应、相互补充的，人类个体通过对这种常规空间的占有获得并感受共同体人与人之间宿命的连带关系，这一关系包括习俗的传递与价值的传播、欲望的形成及满足、个体的生存及延续。

而在这种离散性的文本中，许多特质是独立的，它关涉范围更广的人群或共同体。离散型的空间文本回避共在，强调自在。

宗教信仰源于人对安全感的欲望。然而在信息时代的今天，神权主宰生活世界的观念久已式微，道观的技术、社会、经济环境都有了深刻变化，这种几何学的离散性让其以标本式自在、作为人类文化遗产保护成为可能。

武当铜殿复制并传播了朱棣宫殿的精髓：幽渺、神秘、压迫人或培养献身精神。它与武当的其他道教建筑一起代表了一种比人的情欲更深沉、更难忘的经验：有效地扬善抑恶的立法。

如今，表现 A、B、C、D 各个层序的建筑空间文本以新的物质实在层和形式符号层被快速创造着，人类不断变得更有能力推出自己的文本，始于远古、意义重大的族群迁徙及其文化的在地化构建以各种泛化的形式，伴随着远距离贸易，伊斯兰教、佛教和基督教等世界宗教的扩散、技术移民等不断增加，并使文本创造的形式更加丰富，原有的各种边界被不断打破，边沁功利主义或者正义理论的三个基本假设逐一得到实践的检验：（1）个体的幸福，是在快乐总量的增值大于所有痛苦总量的增值的情况下随之增加——凭借技术的迅猛发展，人类的幸福指数越来越高。（2）社会的普遍利益是由所有的个体利益所组成的——国民的公共福利随着国家GDP 的增长和个人收入与生活水平的普遍提高而大增。（3）当个体成员的全部幸福的总量增加到相对其遭受的痛苦更为显著的程度时，社会共同的幸福随之增加——个人收入的提高从根本上提高了一个共同体的税收水平及其文化水平、道德水平、公共设施水平。之所以如此，是因为功利主义理论的关键，即追求幸福和满足基本的感官要求，是基于人性即自然主义法的本质。

第五章　法律社会学和公共政策、道德信念、社会倾向：文本接受

文本接受系指对文本的认知与接受的过程，它包括创造者、传播（发送/接受）者内在见诸于外在的思维模式，以及外在的文本形态，是接受者内在的集中体现。任何一种文本的传播都关涉法律的内因和外因，指向公共政策、道德信念和社会倾向以及它们之间的关联。在法律社会学的研究范式下，我们将法律作为社会控制的一种形式，通过对法律之于建筑影响的研究来解释社会本质，正如罗伯特·昂戈尔当年一样。我们专注于理解诸如经济环境导致某种建筑和法律的出现，以及这些建筑、法律是被何种程序创造出来的问题。由于接受者的心理气质、知识储备、审美能力及接受场景、干扰（内部的和外部的）各异，表现出接受上的差异，这种接受的差异从低到高可分为原型接受（E）、选择接受（F）、创造接受（G）移转接受（H）四种层序，从 E 到 H，是历史关系；从 H 到 E，是逻辑关系。

文本接受的差序还关涉理解能力。理解应有四种原型：教化、共通感、判断力、趣味。教化强调从感性到理性的过程；共通感则是通过教化所形成的一种默契；判断力是默契所导致的直觉判断；趣味是一种理性对感性的观照①。理解的四种原型在文本—传播理论中与接受的四种模式彼此关涉，却不必然对应。文本创造的四种原型和理解的四种原型存在着逻辑对应关系。理解的四种原型关涉生成文本的层序。

欲望的四种原型是文本的生成、传播各类型的心理基础。

---

① 赵冰：《作品与场所》，载《新美术》1988 年第 2 期。

第一节 原型接受

原型接受（E）系指在文本传播过程中接受者关切的重心只在复制先在文本（包括自己的和非己的）。这种强调 W 尺度的一维接受包括与文本作者、传播者面对面的交流，作为作者和接受者同在的与自己心智的或文本的交流，接受者对文本的释读或转译等所有文化接受手法。出于个人偏好或社会义务以及法律强制的原型接受往往有意完整复制文本的物质实在层、形式符号层的原型。对于建筑而言，原型接受包括环境、情境和意境三个层面。

道观的再生主要是经由业主和建筑师的原型接受而实现，并获得王法的许可，这种复制根植于社会成员，尤其是道观业主对接受原型的承认，这种承认是社会成员间彼此互负的义务，如果这种道观秩序要继续存在下去，这种义务必须被履行。中国受苏联援建的国有工厂厂房都原型接受前苏联厂房，以期与当时的社会倾向吻合。

一

原型接受的第一个阶段，接受者出于公共政策、道德信念和社会倾向或个人偏好，不加选择地对文本原型进行全部接受和复制，并专注于物质实在层和定向的环境模式，表达了最低的理论层次和最简的理解力的 W 尺度的前后接受关系。操持这一心理完成接受的关键是接受者的内在（能力）或外在（压力），比如关于道观文本生成中的公共政策，即未纳入法律的政府政策和惯例的限制，以及建筑设计师和工匠创造力的匮乏。

从法理学角度来考量，这个层序的接受体现了对实在秩序的认同与强调，它是秩序稳固、文化继承的基础。从形式符号层而言，这个层序的创新价值最少，表现出对自然潜能发掘的局限。但从意境来看，复制比如武当铜殿有时可能实现政治传播、文化传承和古建筑保护。就法律强制复制的文本而言，一般总指向有价值物，不仅包含个别的建筑作品，而且包含能够见证某种文明、某种有意义的发展或某种历史事件的城市或乡村环境。不仅适用于伟大的艺术品，也适用于由于时光流逝而获得文化意义的在过去比较不重要的作品。①

原型接受理论可以用来作为解读中国道教建筑样态的形成。

同样的考量最常见于聚落中，聚落的单体建筑强调共在，在物理学总水平上观照历时与共时的文化心理。在人类建筑总和中，原型接受（E）创造的文本数量最多，是人类社会稳定的基础。

文本原型在每一次原型接受和原型观测时都等待着新的释读，这种等待原型接受新释读的机制就是原型接受层序的形成过程。

作为建筑文化/艺术传播者或建筑民俗研究者所具体地、历史地评论、观照的建筑原型，会因时空的转移而拥有新的伦理，而原型接受反映了社会保持其成员间联系的方式。

二

为避免不规则的发生，中国人发展出了十分精确的土木结构技术来制造墙壁或屋架。大型的毛石用作防御工事以及其他建筑的墙脚。有时为了显示更大的力量，就任其外面看起来粗糙。

每一个道观都是对先在文本或系统性或离散性的复述，这些文本生成的价值取向与业主的道德信念直接关联，遵从传统之于道观把关人是取得权力或特权的先决条件，否则即违背公德，将会导致丧失权力或特权。基于对先在道观文本的认同并 E 类接受，新道观在或新或旧的场所重现整个社会已经接受的行为规范，以吻合法律设置的规则。

三

原型接受在释读文本时，以复制物质实在层与形式符号层来强调新文本的境象关系。

EA. 公元前三千纪起，两河流域和波斯的宫殿和庙宇的大门型制是：一对上面有雉堞的方形碉楼夹着拱门。拱门门道两侧有埋伏兵士的龛。这种门为西亚大型建筑普遍采用，并且传到古埃及、

---

① 《威尼斯宪章》，1965 年。

古代中国。对原型接受的偏爱表现在整个文化史之中。

道观是神仙和道士的联合居住，是信众的公共设施，与早期迁徙族群的在地化建筑和原住民的建筑传统关联，曾因新的在地化文化而有所修正，但最终因缺乏强势在地化文化的干预而不再创新，并作为极具特质的典范随着族群迁徙而重新被异文化原型复制。

中国的成熟建筑与原始建筑之间存在巨大缺环。中国第一座规整的方院出现于西周早期，而构成周的重要族群比如姜姓族群显然来自建筑型制早已成熟的两河流域，人种学证据可以证明这一推论。中国成熟方院、高台建筑、木构架的梁柱结构与两河流域、爱琴海迁徙而至的族群的在地化文化的关联十分明显，甚至基本上是原型接受。

第二节　选择接受

选择接受 F 系指接受者历史地选择接受文本，它是一种强调 WX 尺度的传播接受形式。选择接受是人类建筑文本的主要生发形式。对于道观，这种选择是法的体现，因为法律并非社会互动的自发结果，而是由政府有意地并直接地加以强制适用的。[1]

一

选择接受 F 强调根据特定时空、社会倾向与接受者特定内在指向对先在的文本进行 WX 尺度的接受，接受者持有一种涉及原型文本的原因、原则和效用的知识，主体与原型文本之间达到某种交融。F 态接受让文本的更进成为必然。

道作为一个观念，父亲与母亲的意象构成了它的神性：以严苛的父亲形象建立秩序；以慈爱的母亲形象照临众生。道教建筑在权衡实在的各种建筑原型后锁定中国农业社会的实在建筑。F 态选择中国古典建筑的体像特征，保持台基、屋身、屋顶的"三分"构

---

[1]　《法理学》（英），张万洪、郭漪译，武汉大学出版社 2003 年版，第259 页。

成，它让一种强调安全感的社会行动取向的规律性有了实际存在的机会。

F. 西方折中主义是典型的 F 态表达，借由宫殿式、混合式、以装饰为特征的现代式，学院派的一整套设计思想、设计手法在 EF 尺度上观照了实在与现在，折中主义建筑在我国与各地城市的近代化发展进程大体同步，许多城市的发展盛期与折中主义在中国发展盛期融合。折中主义成了近代中国许多城市中心区和商业干道的奠基性的风貌。

人类具有对外在做出复杂的、体现生存优势的反应的能力，这种反应仰赖实在个体的认知过程。早期体验在生理学上直接诱导大脑的发育，使之与具体的外在相匹配，因此对物种一生的偏爱有潜移默化的作用。人类尤其普遍偏好比较后选择早期体验或指令，因为如果幼儿能准确执行监护者的指令，往往能得到赞扬与鼓励，同时还受到环境中同类群体以及不同群体在类似行为模式的强化，种种联系经由个体的研究、修正而保留下来，决定了与特定时空相关的个体偏好，文本创造者、接受者的鉴赏力赖此产生。鉴赏力并非一成不变，鉴赏力关涉趣味，趣味是一种理性对感性的观照。

> 以色列的忧患历史随着亚哈的继位才真正开始。
> 这是因为亚哈无能，妻子耶洗别凶悍无比。
> 这个女人很快成为以色列的真正统治者，人人都不得不承认这一点。
> 耶洗别是腓尼基西顿国王的女儿。腓尼基人是崇拜太阳神的，而耶洗别是虔诚的巴力信徒。照理说，王后应该皈依丈夫国家的宗教，但耶洗别根本不睬这一套。她带着自己的祭司来到撒马利亚，一在亚哈的宫里住下来，就在以色列都城的核心地带修建巴力神庙。
> 人民感到震惊，先知们朝高空呐喊，但耶洗别充耳不闻。不久，她开始一次次地发动反耶和华信徒的运动，并实行宗教恐怖政策，这种做法一直持续到她被耶户发动的革命

推翻为止。①

耶洗别的心理气质与行为选择、叙述者的传播方式，说明了个人尤其是在某些方面受过严格训练、心智独立的人的 F 态选择与习俗的关联。

道观的诸要素都是有意选择的结果，但是这并不意味着各部分的选择都是恰当的。即使那些对于特定时空是优秀的选择在时空流转后也会丧失其原有优势。明代道观是"有意味的形式"，每个部分中又含有部分，其源于更多种公共秩序、道德信念和社会倾向的影响。一部分与另一部分的共通部分以及二者之和也是组成部分，构成另一习俗。各个部分汇集成整体。

但强调 X 尺度的 F 态接受并非都能应对新需要，因此可能使其局部或者细节的设计意图丧失意义。应在何处赋予它何种意义以及表达新的习俗、心理，这就是道观再次生成时必须考量的。

二

尽管基于相同的地理条件，建筑的形式也是各种各样的。地理学上的条件并不直接引起物理现象，个体的价值理性、公共政策会参与其中，产生多种文本。

接受者（个体或群体）对特定文本的选择接受强调了不同接受者对文本的理解、解释的特定取向，以及对其中特定使用关系或习俗的认同。经选择后重构的空间是接受者赋予文本的新功能。

道教建筑中的道学院、塔等功能配置以及白象等装饰符号，就是道教建筑对其他宗教空间配置的新选择。当人们拥有选择的机会和权力时，就会选择和接受那些他们认为具有通过给予更多他们所渴望的事物而使他们的福利最大化效果的行动，也即人是理性的动物。因为懂得取舍而实现的对昔日经验的完善，可能源自某种固定和必然的人的自然状况，即事物之性质。而且每一代人都必须从当代角度重新阐述旧观念。我们需要激情、力量和勇气，直面现实，

① 房龙：《圣经的故事》，人民文学出版社 2006 年版，第 131 页。

152

自觉思考 21 世纪法理学、传播学和建筑学的角色。

FC. 拜占庭建筑根据自身材料和技术，在装饰艺术上表示出对玻璃、马赛克和粉画的认同，因为该中心地区的主要建筑材料是砖头，砌在厚厚的灰浆层上。为减重量常常用空陶罐砌筑拱顶或穹顶，必须有与其相匹配的内部、外部、穹顶、墙垣的大面积装饰，由此形成了拜占庭建筑装饰的基本特点。内部墙面贴彩色大理石板，拱券和穹顶表面不便于贴大理石板，就用马赛克或粉画。马赛克曾是古希腊晚期地中海东部建筑者反复援引的装饰手段，拜占庭的马赛克援引了亚历山大利亚城的习俗。所以选择文本体现人类理性，理性进一步定型为公共政策、道德信念和社会倾向，成为世俗法律的基础，并最终导致了法学与神学、宗教的分离。

三

道观的神殿是其样态的变量，乡土小庙因物理环境各异而变化众多。

CF. 福建湄州岛妈祖庙仿木构石造神殿建筑群，主殿多为集中式塔式复层，对古典木构建筑技术进行选择，强调了福建人（主要是北方黄河中上游迁徙而至族群）的历史记忆和在地化文化的再现，也是整个东南亚妈祖庙的蓝本（见图 5-1、图 5-2、图 5-3）。

图 5-1 福建省湄州岛妈祖庙

153

图 5-2　中原与北方迁徙族群建筑文化在地化文本：厦门鳌园燕尾脊

图 5-3　在地化符号燕尾脊（湄洲岛妈祖庙），见证中国本土北人南迁以
　　　　及福建大陆族群向台湾等地的迁徙，并隐喻迁徙族群以鸟为图腾
　　　　的民俗心理。

154

第三节 创造接受

创造接受（G）系指在文本传播中，接受者在 Y 尺度上的三维接受，接受对象包括存在于接受者内在的文本原型、外在的文本模式。G 具有自发性和普遍性，为人类文化水平的提高提供了必要条件。

人具有拒绝遵从习俗的能力，在这种情况下的秩序就被改变——这种能力叫抑制力（power of inhibition）。因为神经系统带有对过去经验的记录，这时，决定行为不再完全来自外界，而是来自有机体内部，人类具有获取新经验的欲望，因为新经验可以提高经济目标。创新还可能根植于某种人类政治和社会生活制度的基本属性和强制性之中。

一

在文本传播中，社会试图将先在建筑空间配置视为一种理性创造来探寻。

G 态接受使空间新范式的出现成为可能，这种可能性指向模糊的定在和清晰的对于剧烈变动的社会的适应。

CF. 在两河流域和波斯，当地居民崇拜天体，而从东部山区来的居民具有山岳崇拜信仰，因此把庙宇叫做"山的住宅"，造在高高的台子上（塔庙）。建筑技术的提高和对集中式高耸构图的纪念性认识的进一步理解催生了"山岳台"。后来，当地居民的天体崇拜也选择了这种高台建筑物，成为社会倾向，并进一步固化为法，它的运行是实际的和公开的。

GC. 因为阿拉伯族群迁徙及其文化的在地化，清真寺具有了特质：大殿之前宽阔的院子、三面围着两三间进深的廊子，大殿和廊子都向院子敞开。院子中央设洗礼用的水池或洗礼堂，大多数使用穹顶覆盖集中式建筑等习俗也在叙利亚一带流行。

二

大型道观表现出对皇家建筑 F 层次（在意境与意象上对其重造）的接受和 W 尺度的偏爱以强调道教在秩序传播中的权威等级；中等道观援引不同时期、不同地域的装饰手法和题材，平面设计选择中国传统官式建筑型制，对实在文本表现出 X 尺度上的接受（在意境与意象上对其重造），表现出对于公共政策的理解与遵从；但它们共同回避变更配置以保持古典和神性尊严，强调此在与彼在的距离。道观强调与世俗政权共在的设计，显示了业主可能对于某个特定社会形态基础的基本必要条件或前提条件的认识。位于乡村社区的小庙没有严格地遵循逻辑，它们的样式通常是在本聚落乡土建筑空间文本的基础上进一步艺术化（在意境与意象上对其重造）以增加观赏性。

三

在东方世界，其他域文化最基本的建筑形式，至迟在西周早期极其有限地出现在中国的政治中心区域，当时必然在原住民中引起强烈反响并成为人居文化相对滞后的原住民亟待选择的原型。规整的方院、成熟的高台、廊院与木构架经过有限的在地化与原住民相对发达的榫卯技术的屋顶对接，迅速成为那个时空物质世界最重要的建筑文本，并一直延续于整个农业帝国时期。这种在地化文化对相对低级的乡土建筑的影响要小得多，原因在于乡土建筑因为经济能力限制多停留在物质实在层，对形式符号层的变更无力企及；乡土建筑更能应对给定的物理环境；异文化族群的在地化文化成果很难迅速传递给以定居为主的广大农业居民。

在这个阶段，对道教建筑空间文本的创造接受强调它的居住形式，道观从这一角度来考量，是一种丧葬建筑，与享有特权的死者有关，只有富贵权势者才成为这种纪念建筑物的墓主。这种文本同时让我们记住古老信仰的力量，这种力量借由给死者体面的仪式和纪念碑使其荣耀，确保死者会成为一个赐福于生者的来源。这些实具坟墓功能的道场，是人的必死性兼生命历史的见证。对这种空间的守护建立了道教传统，也建立了社会。尤其是保存对特定道教英雄记忆的用心，维持了社会稳定并形成了它的道德信念。

道教建筑空间文本在生死之间的隐喻还在于，它召唤我们超越自傲而承认神的不可知，警告我们不要过于自信能理解其召唤，不要人为地使那个召唤变得模糊。道观这种给定的作品与场所还巩固了某种精神风貌，让我们获得作为人类个体的在世上的存在位置并回归存在。

在西班牙殖民地里，比较讲究的建筑物都由西班牙人设计，专门从西班牙雇来工匠建造。银匠式、巴洛克等建筑风格，都在墨西哥、古巴、秘鲁、智利等地流行。

当然，迁徙而至的族群在将其文化在地化的过程中首先实践的是私密居所。作为生存的最基本需求，移民用手头可以得到的各种材料建造比较简陋的住宅，主要是木材和黏土：泥土墙垣、原木梁柱、平顶屋，椽子伸出檐外，向略有收分的墙面投下长长的影子。这本是异化了的当地乡土建筑空间文本，而总是被迁徙的族群追加了铸铁盘花窗罩、木阳台、盛饰的门这些西班牙乡土建筑的符号，便幻化成了西班牙式私密居所，而这种私密居所又被大量的传道所、修道院所采用。

第四节　移转接受

移转接受（H）系指为传播而进行的文本接受，它在 WXYZ 尺度上强调四维的接受关系，属于文本接受的最高层序，是传播接受者对发送者之间的观照，比如一个准备做法学教师的博士研究生在海外攻读刑法学。人类的知觉具有一致性和规律性，移转接受集中强调了接受者与发送者之间的存在关系、认识关系，以及知觉行为中固有的超越主客体边界的属性。移转接受经由主体与对象之间相互连续性的投射而得以完成。Z 与 W、X、Y 一样是在身体的层序上进行，身体蕴涵着自身的智慧，这种智慧因身体对于人的个体行动或社会行动的直接参与而生成。身体因此能对各种现象直接反应而不必经过反思与调节。

H 的传播属性、主体、内容和实现受制于作为社会生活一个核心要素而存在的现实中的法律体系。

一

H 关涉显性经验、隐性经验。这种强调四维关系的接受方式既包括哲学上的"纯粹形式"，也包括心理学上的原型。范畴仅仅规范知识（知性），原型却对思维、情感和直觉等一切心理活动产生影响。

约在公元前 3 世纪初，中国在地化建筑文化成熟，各种官式建筑的对称性、功能配置等感官性特征作为秩序的基础和象征被移转接受。H 蕴藏生计，因为生命暗示了移动，而移动在本质上会打破每一部分的有条理的比例，也会打破与对称性的理性组合比例相关的各部分之间的理想平衡。在人类的生存和繁衍过程中，人居环境建设起着关键作用，在以改革为取向的研究中，现实中的法律的重要功能之一就是保护和完善保障生存权和发展权的人居环境。

虚构玄武与实证朱棣历史经验和个人气质的切合，为神祇与皇帝崇拜而存在的武当道观重建埋下伏笔。尤其是铜殿是建立在 H 的基础之上，这种宗教与世俗二位一体的敬意的表达，进一步迅速扩展了双方在情境和意境超验层上的地理和边界。道教宫观的两个重要艺术重点——大门、大殿，分别从 WXYZ 尺度上强调了这种空间文本的意象与意境：群众性宗教仪式或宗教性节日多在大门前举行，因此道教大门的形式符号体现想象力与创造力，以求匹配宗教仪式的神秘性；大殿是神祇或皇帝接受信徒朝拜，强调此岸世界与彼岸世界、显性知识与隐性知识相互投射的处所，力求幽暗、威压和仪典的神秘性相照应。

HD. 17世纪中叶，表达荷兰特质的古典主义建筑被创立，它们横向展开，水平分划为主，以叠柱式控制立面构图，装饰很少。以古典三角形山花代替传统的台阶形山花。以红砖墙、白石壁柱、檐部、线脚、门窗框、墙脚强调对传统的观照，色彩明快，被英、法、中等收入人群、信奉新教的手工业者及上流社会所认同和强调，创造了新式空间与生活，同时创造了人类互动的新模式。

二

15 世纪末，中央集权民族国家的建立为英国带来了和平，府邸建造在 WXYZ 的尺度上强调了 H 层次的接受，出现新型制：从险要之地搬到庄园平地，防御性淡出；吊桥、碉楼等功能配置被舍弃，或变成符号留存，平面趋向整齐。

HD. 四合院式的大型府邸在 16 世纪的英国风行，大门、次要房间构成一边，大厅和工作房组成的正屋是另一边，起居室、卧室在两厢。随后大门所在的一边淡出，为围墙或栏杆所取代；此后两厢演变成集中式大厦两端的凸出体。书斋、休息室、儿童室、画廊、备餐间等作为新配置，强调了府邸生活的新内容，客厅分冬季用和夏季用。图书室、舆图室、画廊、杂志室、瓷器室等在 16 世纪后半叶出现在府邸。府邸的演进是居住者生活世界的新风貌，隐喻着人类生活模式的变更，这些模式关涉具体的历史事件、信仰以及作用于个体、家庭或者更广泛的社会群体的社会政策以及道德信念，并进一步指向地方、国家、区域和全球等多层关联，比如技术发展改变了人和自然的关系，改变了人类的生活，进而向固有的价值观念提出挑战等。

16 世纪，英国国王轮流在大贵族的庄园居住，没有自己的宫殿，这为府邸物理性能的增进和几何学上的完善与传播提供了具体场景与契机。

道观的场所包含异质原型特征，尤其是那些具有可以描述的有限的边界，自由元素和人工元素共同组成的以人工部分或建筑为主的场所。

而与人的生存价值（它关涉主体所包容的显性知识和隐性知识以及主体的气质）有关的原型特征能否在空间文本的环境中被感知，在多大程度上被感知，则决定于主体的接受样式：实际上，我们的行为在极大的程度关涉无意识所具有的正常功能。

HC. 16 世纪至 18 世纪，西班牙观照历史而建造天主教堂，且采用在别国已渐被淘汰的哥特式风格；阿拉伯式建筑装饰手法被移转接受，并援引哥特式、意大利文艺复兴柱式细部，形成西班牙独特的银匠式建筑装饰风格，表达了对新作文本 WXYZ 尺度上的强调；超级巴洛克式风格被 H 态接受以匹配鼎盛期的耶稣会。

西班牙建筑这种在四维尺度上的对先在空间文本的接受强调了建筑者与接受者在给定时空的生命形式及视域，这里指看视的区域，即从一定的角度出发所看到的事物，生命形式与视域关涉族群迁徙及其历史记忆和文化的在地化。15 世纪末，西班牙人驱逐了侵略者，建立了统一的天主教国家，随后将版图扩大到南意大利、西西里和尼德兰，西班牙国王在相当广阔的时空范围之内是罗马帝国的皇帝，西班牙文化影响着全欧洲。

16 世纪初，德意志中产阶级住宅仍然接受中世纪的原型文本，没有内院，形体自由。底层用砖石，楼层用木构架，构架外露，呈现意境世界层。并强调使用空间的新拓展：屋顶陡峭，内含阁楼，开老虎窗；圆形或八角形楼梯间凸出在外，上筑高尖顶；尖顶常覆盖楼层局部悬挑在外的房间。这种居所的型制和形式也被公共建筑所强调。

三

人们借由审视与考虑对情境进行界定。经由对新文本的移转接受，古老神祇迅速失去了对人的威慑力。包括形式符号层、意象世界层在内的非客观艺术（non-objective art）主要表达"内"（inside）或内在。

HD. 16 至 18 世纪的西班牙民居的形式符号层有两个特点：朴素和繁密对比，灰塑的、纤细的、构图变化很大的装饰，大量集聚在门窗周围，特别是大门周围；轻和重对比，墙垣是质重的，甚至有点粗糙，但小栅栏门、窗口的格栅、墙角的灯架、窗台下的花盆架、阳台的栏杆等，用铸铁制作，图案精美。两种对比被当地私密居住、公共居住、设施同时 E 向接受，这种风格即"银匠式"，早期的称"哥特银匠式"，后期的称"伊萨培拉银匠式"。

在给定时空，一些显性知识的博弈决定着某一地域的特征，同时还存在着与之相反、相对立的事物，例如犹太教的几个派别。确定是某一地域特征的习俗同时存在于另一完全不同的且相距遥远的时空。随后，城市和建筑物的标准化和商品化致使建筑特色逐渐隐退。建筑文化和城市文化出现趋同现象和特色危机。由于建筑形式的精神意义植根于文化传统①，道观等的凝固型制便有了特殊意义。

以这种方式，迁徙他乡的犹太人发展出了奇特的双重忠诚的现象，这在随后的四个世纪里，引发了太多的麻烦和苦难。因为尽管在流散中的犹太人平静地生活在波斯人、埃及人、希腊人和罗马人之中，但他们却从不接受所在国家的习俗。

他们在任何地方都会成为国中之国。他们居住在自己的社区里。

他们会去不同的神庙朝拜。

他们不需自己的子女结交那些将耶和华视为一个好玩名字的男孩和女孩们。他们宁愿杀死自己的女儿，也不愿意让他们嫁给一个异教徒的丈夫。

他们吃的是用不同方式预备好的不同的食物。

他们小心遵守当地的法律，但是除此之外，他们还遵守某些自己的严格而复杂的律法。

他们宁愿穿一种将自己与别人区别开来的衣服。

他们严格刻板地庆祝一定的节日，这些节日对于他们同城的异族来说完全就是一个秘密。

人们总是会对那些无法了解的邻人感到疑心，这些犹太族群对社会的疏离，对其他民族神祇公然的藐视，再加上他们天赋的民族的协同一致的能力，常常是他们在邻居中不受欢迎，而且经常导致严重的仇怨。②

---

① 吴良镛：《中国建筑与城市文化》，昆仑出版社 2009 年版，第 316 页。

② 房龙：《圣经的故事》，张蕾芳译，人民文学出版社 2006 年版，第 174 页。

EH. 西班牙的乡土建筑包藏着其独特秩序，宫廷建筑请意大利建筑师 E 态接受意大利文艺复兴建筑。由建筑师茹昂·鲍蒂斯达和埃瑞拉设计的埃斯库里阿尔（1559—1584 年）是在西班牙首都马德里西北 48 公里旷野中兴建的大宫殿，为皇族建立陵墓以强调罗马帝国哈布斯堡王朝的正统并纪念对法战争的胜利。这种皇家建筑情景图式从 WXYZ 尺度强调了与民族英雄主体或共同体相关的建筑意境超验层。它们的物质符号层和形式符号层引领了欧洲中央集权国家的宫廷建筑新潮流，随即而起的凡尔赛宫试图达到新标准。

它是在移转文本接受中皇家趣味对乡土建筑空间文本原型的一种直觉把握。

第五节　接受文本的四种原型与理解的四种原型

从文本接受对文本原型的复制程度的高低来考量，接受从 E 到 H，分为由低到高四种原型：原型接受、选择接受、创造接受和移转接受。对传统文化的传承依次递减，创新因素依次递增，H 最能体现创新水平。理解的四种原型教化（I）、共通感（J）、判断力（K）和趣味（L）是文本接受的四种原型的基础和导向，而特定时空的法律强制或引导着文本接受的类型。

一、理解的四种原型

从理解四种原型与文本的关系来考量，教化强调了对文本从感性到理性的接受过程；共通感是经由教化援助后文本接受者与文本创造者或者传播者之间形成的默契，它相当于原型接受层序；判断力是在默契的基础上达到的直觉判断，它相当于创造接受层序；趣味是接受者的理性对文本进行的感性观照，它相当于移转文本层序。理解的四种原型与文本接受的四种原型并不必然对应，理解的四种原型与文本接受的四种原型之间联系构成 16 种接受层序（见图 5-4）。

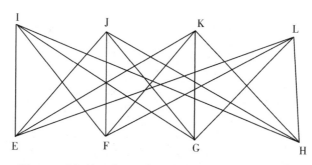

图 5-4 理解的四种原型与文本接受的四种原型关系图

二、欲望的四种原型与文本接受

按照托马斯的观点，人的欲望具有四种常见的原型：对新经验的欲望（M）、安全感的欲望（N）、被承认的欲望（O）、对反应的欲望（P）。四种原型构成隐性知识获取的动机并直接关涉文本的创造和接受。

愿望的组合形成人的性格。愿望产生于气质和经验，愿望和行为研究相关联的要点在于：愿望是动因，是行动的起点。人们受到的任何影响都必须施加于愿望。①

就文本—传播理论而言，M 与 C 对应，N 与 A 对应，O 与 B 对应，P 与 D 对应。这种对应并非必然。实际上，欲望四种原型与文本创造四种原型、文本接受四种原型的对应会因情境变化而有不同的对应模式（见图 5-5）。

对文本生成者个体性格的评价（肯定或否定），基于个体对文本反应的方式，对应相同的功能需求的异质主体会创造不同作品，尤其是这些异质主体可能属于不同族群。何种愿望在特定个人身上表现为显性，主要关涉气质，个体总在气质上事先倾向于某些类型的愿望。气质关涉腺系统的分泌，即个体的生物学特质；愿望的表

① ［美］威廉·托马斯：《不适应的少女》，钱军等译，山东人民出版社 1988 年版，第 37~39 页。

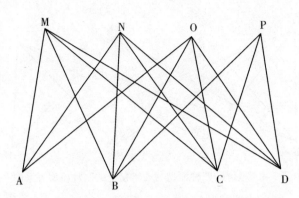

图 5-5　欲望的四种原型与文本创造的四种原型关系图

现受制于历史记忆和具体场景；习惯起源于特殊且有影响力的个体，国家和社会在其更加正式的准则中主要强调并体现这些社会习俗。①

　　从文本—传播理论的视角来考量，对新经验的欲望（M）之所以重要，是因为它直接关涉人类的创造，尤其是创新活动，方此没有人类文明的进步。迄今为止，道观在创造上表现出对新经验的欲望（M）的缺乏，或者，这种本能也许从未能对其相应习惯的形成产生决定作用，这与给定的疆域之内异质文化博弈的欠缺相关。为了与稳定的农业生产方式相匹配并培养亚文化众多的主体对共同体（国家的、族群的、社区的或家庭的）利益的关注，与伦理相伴随的道德化律法作为显性知识与隐性知识被一再强调，规则或行动规范表现为道德准则，调节欲望的表现通过对实在或定在的情境不断界定建立起来，使共同体成员都接受对情境的界定。在大多数人类文明的发源地和经济文化发达地区，M（对新经验的欲望）都作为人类最佳本能受到公众赞赏，物化为正价值而造福于共同体，它表现为高度文明和发达的文化积淀（见图 5-6、图 5-7、图 5-8、图 5-9、图 5-10、图 5-11）。

---

　　①　〔美〕威廉·托马斯：《不适应的少女》，钱军等译，山东人民出版社 1988 年版，第 37~39 页。

图 5-6　厦门集美中学主楼楼顶，集合众多异文化建筑符号

图 5-7　移转文本之一，武汉大学老图书馆，浓缩东方建筑各种符号的集中
式建筑，尤以大屋顶和塔刹为建筑母题，美国建筑师凯尔斯作于
1927 年。

图 5-8　移转文本之一，武汉大学老图书馆，H 态接受再造新的情景图式

图 5-9　移转文本之一，武汉大学老文学院，浓缩东方的西亚、伊朗
　　　　高原、两河流域、东亚等建筑符号的集中式建筑且内含天井，
　　　　美国建筑师凯尔斯作于 1927 年。

图 5-10　典型的移转文本符号，象征原住民与迁徙族群建筑文化相
　　　　 互观照的大屋顶一角：翘檐、兽脊、琉璃瓦，美国建筑师
　　　　 凯尔斯于 1927 年设计。

图 5-11　泛化的在地化文化文本，厦门鼓浪屿步行长廊

　　对安全感的欲望在文本理论中表现为对原型文本的接受、援引。它是人类相对稳定的基础，也是人类文化最基础、最广泛的创造形式，N 表现在人类文明的各个历史阶段，并在农业开始普及时这种本能发挥其最大影响。因为农业社会初级聚落的居住非常适合作为一种避难所和财富而进行复制，在对先在的空间文本援引中延续旧秩序和对已经产生明显效果的东西进行复制和模仿，因而大大降低了因错误而增加的成本，减少创新可能带来的风险，从两方面满足了对 N 的需求。在这种层序上以 W 为尺度生产出来的空间文本除了作为一种重要的资本外，也是最早和最重要的商品，而商业，在人类的任何国度都在发挥着社会化影响。

　　A 是文明发展的必要条件。

　　对居所的拥有，是 O（被承认的欲望）与 P（对反应的欲望）得以实现的重要路径，因为居所是一种恒久的、难以毁灭的避难所与财富。对这两种欲望的满足不仅表现在对住居的占有，还表现在

167

与之相对的对住居的创造 B、D 上。因为，当要创造的东西是个人所有而不是由民主社区的所有成员来分享时，要求承认的欲望和要求反应的欲望更能推动行动。在 X 尺度上进行的建造 B 和在 Z 尺度上进行的建造 D 都必须经由社会合作而产生，同时关涉隐秘的个性化对原型阐释的路径。

建造本能与人类欲望的四种原型密切相关，尤其是建筑。空间文本创造的四种原型所引起的大型或小型的建筑工程往往使建造者之间的社会联系进一步加强，指向社会共同体成员的共在。

对建筑空间文本的阅读实际上是对人以及人的生命形式的阅读，它体现天、地、人、神四大因素的共在。天、地、人、神的同在形成存在总量。正是这种终极共同体关系，使之关涉建筑的社会行动指向参与者主观感受到的互相隶属性。

文本—传播理论和欲望四原型说、理解四原型说关涉行为科学的底流，指向文化人类学、心理学与社会学。

空间文本的生成仰赖建筑师所具备的多种学科和技艺，并受这种综合知识的判断和检验，它不能容忍在理论上的缺乏与偏重理论和学问的演练，只有精通两方面的建筑才能迅速获得威望达到目的，而迅速得到传播，为受众所接受。

维特鲁威认为，在建筑中也存在两种事物——被赋予意义的事物和赋予意义的事物。被赋予意义的事物就是对它要提出讨论的事物；赋予意义的事物就是按照学问的原理作出解释的说明，每个特定共同体的建筑文本都具有这种功能，比如道观，它是中国古典建筑的标本，是对关涉稳定与创新、传统与现代、客观知识与主观知识等的深刻阐释。未来由现在开始缔造，现在从历史中走来，我们总结昨天的经验与教训，剖析今天的问题与机遇，以期 21 世纪时能够更为自觉地把我们的星球——人类的家园——营建得更加美好、宜人。①

---

① 《北京宪章》，1999 年。

主要参考资料

［1］冯林:《论台湾道观的分布情况与民俗文化特征》,《亚洲历史文化》(日),2009 年

［2］汉宝德:《中国建筑文化讲座》,三联书店,2008 年

［3］桂胜:《昭君出塞与汉匈社会交往的考察》,《亚洲历史文化》(日),2009 年 3 月

［4］王英健:《外国建筑实例集》,中国电力出版社,2006 年

［5］余西云:《西阴文化》,科学出版社,2006 年 3 月

［6］赵冰:《4!——生活世界史论》,湖南人民出版社,1987 年

［7］张在元:《中国空间思路》,中国建筑工业出版社,2007 年

［8］［美］加里·斯坦利·贝克尔:《家庭论》,王献生、王宇译,商务印书馆,1998 年

［9］［英］约翰·马歇尔:《塔克西拉》,秦李彦译,云南人民出版社,2002 年

［10］［巴基斯坦］艾哈默德·哈桑·达尼:《历史之城塔克西拉》,刘丽敏译,中国人民大学出版社,2005 年

［11］［日］原广司:《世界聚落的教示 100》,于天炜译,中国建筑工业出版社,2003 年

［12］［德］恩斯特·卡西尔:《语言与神话》,于晓译,三联书店,1988 年

［13］［美］R·E·帕克等:《城市社会学》,宋俊岭译,华夏出版社,1987 年

［14］［美］阿尔贝托·萨尔托里斯登:《建筑理论》,马欣等译,中国建筑工业出版社,2006 年

［15］［英］尼古拉斯·佩夫斯纳:《现代设计的先驱者》,王晓京

译，中国建筑工业出版社，2004 年

[16] ［英］罗杰·斯克鲁顿：《建筑美学》，刘先觉译，中国建筑
工业出版社，2003 年

[17] ［美］朗特·希尔德布兰德：《建筑愉悦的起源》，马琴等
译，中国建筑工业出版社，2007 年

[18] ［德］伽尔默尔：《赞美真理》，夏镇平译，三联书店，1988 年

[19] ［德］卡尔·把特等：《莫扎特：音乐的神性与超验的踪迹》，
朱雁冰等译，三联书店，1996 年

[20] ［英］尼古拉斯·佩夫斯纳：《反理性主义者与理性主义
者》，邓敬等译，中国建筑工业出版社，2003 年

[21] ［英］麦克马伦：《建筑环境学》，张振南等译，机械工业出
版社，2003 年

[22] ［英］罗伯特·欧文：《阿尔罕布拉宫》，褚律元译，商务印
书馆，2008 年

[23] ［美］布鲁诺·赛维：《现代建筑语言》，席云平等译，中国
建筑工业出版社，2005 年

[24] ［美］赫施：《解释的有效性》，王才勇译，三联书店，1991 年

[25] ［德］马克斯·韦伯：《新教伦理与资本主义精神》，于晓等
译，三联书店，1987 年

[26] ［英］克里斯多福·泰德格：《古代埃及·西亚·爱琴海》，
刘复苓译，中国建筑工业出版社，2004 年

[27] ［法］丹纳：《艺术哲学》，傅雷译，安徽文艺出版社，1998 年

[28] ［日］梅桌忠夫：《文明的生态史观》，王子今译，三联书店，
1988 年

[29] ［美］凯文·林奇：《城市意象》，林庆怡译，华夏出版社，
2001 年

[30] ［美］凯文·林奇：《城市形态》，方益萍、何晓军等译，华
夏出版社，2001 年

[31] ［美］悉尼·胡克：《理性、社会神话和民主》，金克等译，
上海人民出版社，1985 年

[32] ［英］柏特兰·罗素：《社会改造原理》，王华译，上海人民

出版社，1985 年

［33］［瑞士］维尔纳·布雷泽：《伊利诺伊理工学院校园规划》，杜希望译，中国建筑工业出版社，2003 年

［34］［法］菲利普波蒂耶：《拉图雷特圣玛丽修道院》，陈欣欣译，中国建筑工业出版社，2003 年

［35］［美］彼德·霍华德：《牛津》，黄美智译，中国建筑工业出版社，2003 年

［36］［法］丹尼尔·保利：《朗香教堂》，张宇译，中国建筑工业出版社，2003 年

［37］［挪威］斯坦因·U. 拉尔森：《社会科学理论与方法》，任晓等译，上海人民出版社，2002 年

［38］［德］马克斯·韦伯：《中国的宗教、宗教与世界》，康乐、简惠美译，三联书店，2001 年

［39］［美］埃兹拉·斯托勒：《耶鲁大学艺术与建筑系馆》，汪芳译，上海人民出版社，2002 年

［40］［瑞士］荣格：《心理学与文学》，冯川、苏克译，三联书店，1987 年

［41］Alberti, L. B. The Books On Architecture, ed. J. Kykwerf. London, 1955

［42］Nikolaus Pevsner, The Anti-Rationalists and the Rationalists, Reed Educational and Professional Ltd, 2000

［43］Martinsons MG（Martinsons, Maris G.）1, Ma D（Ma, David）2, 3, Sub-Cultural Differences in Ethics Information across China：Focus On Chinese Communication Generation Gaps, JOURNAL OF THE ASSOCIATION FOR INFORMATION SYSTEMS, 2009, Vol. 10, No. 11, pp. 816-832

［44］Hellqvist B（Hellqvist, Bjorn）, Referencing in the Humanities and its Implications for Citation Analysis, JOURNAL OF THE AMERICAN SOCIETY FOR INFORMATION SCIENCE AND TECHNOLOGY, 2010, Vol. 61, No. 2, pp. 310-318

［45］Charmaz K, The body, individuality, and ego：Adapting to impairment, SOCIOLOGICAL QUARTERLY, 1995, Vol. 36, No. 4, pp. 657-680

[46] Taylor P (Taylor, Peter) 1, 2, Three puzzles and eight gaps: what heritability studies and critical commentaries have not paid enough attention to, BIOLOGY & PHILOSOPHY, JAN 2010, Vol. 25, No. 1, pp. 1-31

[47] Hedgecoe A (Hedgecoe, Adam), Bioethics and the Reinforcement of Socio-technical Expectations, SOCIAL STUDIES OF SCIENCE, 2010, Vol. 40, No. 2, p. 163

[48] Almassi B (Almassi, Ben), Conflicting Expert Testimony and the Search for Gravitational Waves, PHILOSOPHY OF SCIENCE, DEC 2009, Vol. 76, No. 5, pp. 570-584

[49] Safarzynska K (Safarzynska, Karolina) 1, van den Bergh JCJM (van den Bergh, Jeroen C. J. M.) 2, 3, 4, 5, 1, Evolving power and environmental policy: Explaining institutional change with group selection, ECOLOGICAL ECONOMICS, FEB 15 2010, Vol. 69, No. 4, pp. 743-752

[50] Kuiper K (Kuiper, Koenraad), New Zealand's Pakeha Folklore and Myths of Origin, JOURNAL OF FOLKLORE RESEARCH, MAY-DEC, 2007, Vol. 44, No. 2-3, Sp. Iss. SI, pp. 173-183

后　　记

　　就建筑文本的总量而言，绝大多数低级民居几千年来极少改观，而不断演进的只是其中的很少一部分，尤其是皇家建筑、宗教建筑和公共建筑，它们既代表了特定域文化的最高建筑成就，也构成了人类建筑发展的多姿样态，这种样态指向异文化博弈对于改变建筑民俗的巨大影响，也离不开特定域文化的法律文化的强制和引导。

　　本书所涉及的各个层序的建筑个案及其携带的建筑民俗都是独具特色、引人注目的，它们都关涉迁徙族群或泛化的迁徙族群对建筑民俗性的重大影响以及为了文化或艺术传播之目的而进行的种种努力。也许在这些个案历史进程的每一个阶段，都有决定建筑民俗的存在方式由现实状态转变为可能状态的转折点，比如法律的更改以及强制作用所引起的传播内容的定向。

　　但石匠大师和建筑师的出现正在改变这一局面。他们可以仰赖个体卓越的心智，以及对人类建筑史上各种具象或抽象文本的洞悉和理论（比如新美术运动、反理性主义和理性主义）上的参悟而在短时期内推陈出新，改变或再创人类聚落的风貌。这些改变基于创造者应对各种异文化建筑文本进行的广泛的在我化和泛化的在地化创造还有不可忽视的社会倾向和道德信念。

　　在 15 世纪以前，族群迁徙往往对人类各种习俗以及各种文本的产生带来巨大影响，对族群迁徙及其历史记忆和文化在地化构建对原住民文化影响的探讨，既激动人心又具有重大历史意义和现实意义。

　　但对族群迁徙及其在地化文化与原住民建筑方面的研究少有人涉及，国内对于族群迁徙的研究有零星涉及。我在书中对相关方面

173

的讨论只是粗浅的、宏观的，尚需进一步深入。

　　我要特别感谢我的博士后合作导师、著名法学家李龙先生，是他的智慧引领我将社会学的博士论文以法理学的视角进行了再审视。我要特别感谢我的博士生导师、武汉大学社会学系桂胜教授，他那无所不包的民俗学、社会学学问感召我进入学术之途。在教授的教导下，我开始关注建筑，尤其是道教建筑中将自然力量人格化的种种尝试，以及借此所表象的人类生活中的特殊情状，这些文本还反复出现与原住民和迁徙族群关涉的特点和价值，以及这些特点和价值变形为神话-宗教的意象。它们最初可能是某种转瞬即逝的心理内容，但仰赖建筑空间文本得以外在化、客观化。我特别要感谢武汉大学城市设计学院教授赵冰先生，也是著名的设计师和学者，是他25岁时完成的那篇富有东方气魄、东方理论深度的博士学位论文（同时成为专著）启迪了我，这种影响将成为我此在的恒常系数。我要感谢武汉大学哲学学院教授、中国著名的神学家段德智先生，他是我尊敬的师长和多年的朋友，在得知我作此论题时，曾专门买书赠我，以示鼓励。我要感谢我的夫君祖亮先生，是他高华的人生意境和丰富、高品位的藏书为我营造了值得毕生追求的意象世界；还要感谢我的爱子子充，他不仅为我提供了不少大有说服力的图片，为我进行了《古代埃及、古希腊、古罗马富人住宅比较》专题研究（他的结论是这些住宅除了屋顶之外其他部分基本相同，都是带中庭或中厅的复层建筑），当时还以一个八岁孩子的人文关怀规避了一些撩人心绪的愿望和诱惑人思的希冀，宽容我在他游戏时的一次次缺席，并再三要求等我答辩完一定带我去参观潜艇。

冯　林

2015 年 7 月